Newt & Salamander

イモリと暮らす本

個性豊かな有尾類の仲間
美しい個体を育成するノウハウ

エムピージェー

はじめに

本書で紹介するイモリやサンショウウオ、サラマンダーは、有尾類と呼ばれる生き物だ。字のごとく、尾を持つ両生類の仲間で、同じ両生類であるカエルに比べて細長い体を持ち、長い尾を備えてるのが特徴だ。

ペットショップをのぞけばたいてい目にするウーパールーパー。本種などは、最も有名な有尾類といえるだろう。そのイメージから水生の生き物と思われがちな有尾類だが、ウーパールーパーのように完全な水中生活を送る種は少数派。むしろ陸上での生活を

好む種や、陸上と水中を行き来するものが多く、そのライフスタイルは多彩なのだ。

また、国内にも多くの有尾類が生息している。その代表はアカハライモリとシリケンイモリ（アマミとオキナワの2亜種）の、2種のイモリだろう。身近な有尾類ながら、その体色や模様の多様性には目を見張るものがある。野生個体は環境破壊などの影響が不安視されているが、近年は繁殖個体が流通するようになったことは喜ばしい流れだ。

本書ではこうしたアカハライモリやシリケンイモリの繁殖個体やその飼育方法を中心に、有尾類の魅力を紹介していきたい。なお、国内には多数のサンショウウオ類が分布するが、多くの種で採捕や流通に規制があること、飼育が困難なものが多いことから本書では扱いを控えている。

ウーパールーパー（メキシコサラマンダー）。ポピュラーな有尾類で、様々なカラーが作出されている

CONTENTS

アカハライモリ
バリエーション・カタログ

お腹に鮮やかな赤い模様を持つアカハライモリ。
古くからペットとして親しまれており、近ごろは産地や個々の特徴に注目したブリードも盛んだ。
ここではそうしたブリード個体を中心に紹介しよう

アカハライモリの野生個体（千葉県産）

アカハライモリとは？

アカハライモリ（*Cynops pyrrhogaster*）は本州、四国、九州と周辺の島に生息する日本固有の両生類。単に「イモリ」や「ニホンイモリ」と表記されることもある。水田や池など比較的人の目につきやすい場所でもみられ、身近な生き物の一つに挙げられる。

アカハライモリは水辺にすむ生き物で、野生個体を発見する機会が多いのも水中にいる個体だ。水中ではユスリカ幼虫などの小さな生き物や、水面に落ちてきた昆虫類、ミミズやオタマジャクシ、アカハライモリの卵など、様々なものを食べて生活している。寿命は長く、飼育下では30年近く生きるとされている。

毒を持っていることもあり、捕食者はあまりいないようで、いくつかの鳥類やニホンマムシ、ウシガエルが報告されている程度だ。シマヘビによる捕食例も報告されてるが、発見後にシマヘビは死んでいて、アカハライモリの毒により中毒死したものと推察される。

アカハライモリの毒はフグ毒（テトロドトキシン）と同じ強い神経毒で、敵に襲われると皮膚や目の後ろにある耳腺などから毒を分泌。名前の由来ともなっている特徴的なお腹の色は、外敵に毒を持つことを知らせる警告色と考えられている。

また、飼育下ではあまり見られないが、外敵に襲われると肢をあげて体をのけ反らせるポーズをとることがある。これはスズガエル反射（Unken reflex）と呼ばれ、お腹の色や模様を見せる警告姿勢だ。

アカハライモリの美しいブリード個体たち

愛知県産系統
黒みの強い系統。シリケンイモリを思わせる三本線が面白い。３歳のオス

愛知県産系統
上のオスと同系統だが、頭や手足に複雑な模様が乗り、妖しげな雰囲気。３歳のメス

岐阜県産系統

オリーブ色の体から、にじみ出るように赤みが出現している不思議な表現の個体。岐阜県産のほぼ真っ黒な両親から、この1匹だけがこの表現を持っていたとか

岐阜県産系統

岐阜県の低地で採集された個体のF_1。メラニンが少ないためか全体的にライトブラウンの体色をしており、本来は黒くなる箇所が赤くなったような表現を持つ

岐阜県産系統

上の個体から世代を進めたもの。オリーブグリーン系の体色だが、コンディションの良いときは白みがかったピンク色の発色を呈する

岐阜県産系統

青みがかった体色と、水棲形態ながら陸生時のようなザラザラした体表が特徴的な個体。前ページ下の個体と静岡系統との交配から出現したもの。アカハライモリは肌の質感や目の色も産地によってかなりの変異があるという

岐阜県産系統

岐阜の水田で採れた個体をルーツに持つ。体にほのかな透明感があり、独特の発色を見せる。水田に産する系統は大きくなりにくい傾向があるそうだ

三重県産系統
紫がかった体に乗る大柄な黒斑はインパクト十分！　2歳のメス

三重県産系統
明るい朱赤の体に乗る細かな黒斑が見事。ブリードした数十匹から数匹ほど、こうした赤みが目立つ個体が生まれるという。4歳のメス

三重県産系統

前ページ上のメスと同系統のオス。1歳の個体だが非常に早熟で、各所にパープルの婚姻色を呈している。小さな頃はうっすらとだけ柄が出ていたが、性成熟した途端に変貌を遂げたという。イモリの色彩の不思議さを感じさせる1匹だ

三重県産系統

上と同系統のメス。細かなスポット模様が散らばり、たいへんかわいらしい

三重県産系統

抜けるように明るい赤！　下の個体と同系統だが、こちらはより地色が明るい。2歳。左オス、右メス

三重県産系統

赤い体と細かな黒いスポットによるメリハリの効いたスタイルは、なまめかしさすら感じる。2歳のメス

三重県産系統

透明感のある淡い体色が目を引く。2歳のオス

福江島産系統

長崎県五島列島の一つ、福江島産の系統。地色が明るい傾向があり、特にこの個体は、背も腹も同じ真っ赤に染まった姿が美しい。1歳のオス

福江島産系統

黒の乗り方はバリエーション豊か。この個体は虫食い状になる。1歳のオス

福江島産系統

同じく福江島産の1歳のメス。この個体はうっすらとだが、背側が黒くなる傾向がある

背中と体側に赤いラインが走っており、ゴツゴツとした体表もあって、一見しただけではシリケンイモリあたりと見間違えそうな表現がおもしろい。大阪産を血筋に持つという個体

精悍な顔立ちもカッコいい

個体差もあるが、婚姻色が出たオスは体や尾に紫色を発し、非常に目立つ。オスの婚姻色が出ない地域もある

アカハライモリ
の飼育と繁殖

アカハライモリは丈夫で長生きな有尾類だ。
成体の飼育はそう難しくはないが、繁殖となると幼体の育成でつまづくことが多い。
親個体の育成まで含めた飼育・繁殖方法について解説していこう

全身が真っ赤なアカハライモリ（写真上）とリューシスティック（白色変異）と思われる個体（写真下）。ともに野生個体で、ごく稀に発見される

まずは自然下でのアカハライモリのライフサイクルを理解しよう。親個体は晩冬から春にかけて産卵し、ふ化した幼生は水中で過ごす。幼生はやがて変態して上陸し、数年のあいだ陸上生活を送る。成体になるとまた水中生活に戻るので、飼育下で繁殖させる場合も、このサイクルにしたがって育成することとなる。

親個体の育成

親個体の飼育環境は、水を張った水槽に明るめの白い底砂、ろ過はスポンジフィルターに、足場と陰地となる水草を配した、基本に忠実なシンプルなもの（29ページ参照）がよい。水草は、入手しやすく丈夫で、葉が適度に柔らかく産んだ卵を包みやすい点でアナカリスがベストだという。

ここでサイズの揃った個体を、雌雄別々の水槽で育成している。飼育数の目安は、30センチほどの水槽なら2匹、45センチ水槽なら4〜5匹程度を上限とし、過密は避けるようにしたい。普段雌雄を分けているのは、繁殖時に気分を盛り上げるためのマッチング的な気配りだ。

また、育成水槽と同様のレイアウトを施した水槽を別に用意し水を回しておく。こちらは繁殖に用いる水槽で、水温や水質を合わせておくことで、移動させた際のストレスを和らげる効果を狙っている。空の状態だと水草やろ過の調子が上がりにくいため、時折イモリを放してもいい。

照明は明るすぎない方がいいが、健康に育てるためにも明るい時間と暗い時間はしっかり設けること。イモリの視力そのものは高くないが、明暗（影）や動くものに対してはよく反応する。隣のケースの個体を気にして落ち着かない場合もあるので、夜間はケースの間にカーテンを設けて視界を遮るとよい。

【雌雄の違い】

オス（飼育個体）。オスの尾はメスと比べて幅が広く、先端が細くなっている。繁殖期には総排出口付近の膨らみが肥大し、耳腺も張り出してくる

メス（飼育個体）。メスの尾はオスと比べて細く長い

雌雄の見分け方

雌雄の見分け方の一つとして、尾の形に違いがある。メスは細くて長く、真っすぐな形をしており、オスは幅が広く尾の先端は細くなる。産卵期は4～7月頃だが、求愛行動は秋にも行なわれる。この時期になるとオスの尾や胴体には婚姻色が現れ、紫がかった非常に美しい色へと変化する。

また、総排出口から毛のようなものが見られるようになる。これは毛様突起と呼ばれる管状の器官で、ここからメスを誘うフェロモンが放出される。このフェロモン、名前を「ソデフリン」と言い、両生類で初めて単離された性フェロモンになる。名前の由来は万葉集にある額田王（ぬかたのおおきみ）の詠んだ「さすききはずやがる」という歌で、袖を振って愛情を示したとされる姿がアカハライモリの求愛行動の動作と重なり名付けられた。またメスもオスに対してフェロモンを出し

オス（飼育個体）に現れた毛様突起（矢印）。毛のようにも見えるが管状で腹部肛門腺につながっており、ここからフェロモンを放出する

【アカハライモリの求愛行動】

1 総排出口が肥大した繁殖期のオス

2 メスを追尾するオス（右の個体）

3 メスの前に回り込み、尾を細かく振ってアピールするオス

4 オスを受け入れたメスは、相手の首筋を頭で押すような行動を取る

ていることが近年の研究結果から明らかになっている。こちらは「アイモリン」と名付けられており、この名前も前述の歌への返歌にちなんで付けられているという。

繁殖行動と自然下での成長

成熟したオスはメスを確認すると、前方で盛んに尾を振る行動を見せる。メスのスイッチが入るまで、オスは体の向きを変えたりメスの前に回り込んだりを繰り返し、アピールを続ける。

やがてオスを受け入れたメスは、オスの首の横辺りをそっと押すような動きを取る。その後メスはオスの後につき、2匹でゆっくりと前進する。この際、オスは精包（せいほう）と呼ばれる塊を落とす。精包はメスがその上を通過した際に総排出口にくっつき、メスの体内に取り込まれる。精包は精子が詰まったカプセルで、メスは産卵の際にこの精子で受精させる。いわばイモリは体内受精を行なうのだが、他の生き物との体内受精とはだいぶ様子が異なるのが面白い。

メスの体内の精子はしばらく生きており、秋に取り込んだ精子は翌年春の産卵にも利用されることがわかっている。

メスは産卵期に100～400個ほどの卵を何回かに分けて産む。卵は後肢を使って水草の葉などで包み、一粒ずつ産み付ける。

卵は約3週間でふ化し、水中の微生物などを食べて成長する。幼生にはウーパールーパーのような外鰓があり、カエルのオタマジャクシとは逆に、前肢→後肢の順で生える。

その後約3ヵ月で変態し、上陸する。陸

水草に産みつけられた卵。発生が進んでいるのが透けてわかる

に上がった幼体は小さな土壌生物などを食べ、しばらく陸上生活を送る。

およそ３～４年で性成熟し、成体は繁殖のため再び水辺に集まってくる。成体は水辺から離れた場所で見つかることもあり、移動なども含め陸上での生活も時折行なっているようだ。

繁殖行動の誘発から産卵まで

飼育個体はエアコンで温度管理を行なうとよい。温度は夏場は28℃を上限とし、冬は15℃を下回らない程度が目安。なお、エアコンで温度を管理する場合、室内の場所によって温度や湿度に違いが出る。こうした点も普段から把握しておくと、管理に役立つだろう。

雌雄ともに繁殖に適した体づくりを目指し、活性が高い夏の間にたっぷりと餌を食べさせる。夏を過ぎたら、ゆっくりと徐々に水温を下げていく。こうして殖やしたい雌雄を1ペア選定して繁殖水槽へ移す。1ペアに絞るのは、繁殖個体がどの個体の血を引いているか明確にするためだ。

年末あたりからそれまでとは逆にゆっくりと温度を上げていく。そうすると、水温変化の反転がスイッチとなり、年明けあたりからメスは水草に卵を産み付けるようになる。先述したように、育成水槽と繁殖水槽の環境を揃えることで移動のストレスを和らげ、スムーズに産卵へ導くことができる。

産卵が始まったら、オスは元の水槽へ戻す。オスによる食卵を防ぐのはもちろん、産卵期のメスは攻撃的になるので不要なケガを避けるためでもある。

メスも産んだ卵を食べることがあるので、食卵癖を付けないよう卵はこまめに他の容器へ移す。産卵は2～3月あたりがピークで、個体によっては6月頃まで産み続けることもある。

親候補は、十分に成熟した健康な個体であることはもちろん、この個体の子が見たいと思うものから選ぶよとよい。さらにいうなら、体格や挙動、体の作りなど、その個体の子孫が何世代も続いていけるだろうか？という点も考慮したい。

卵にはなるべく刺激を与えない

産卵は春先から始まりますが、そのままにしておくとせっかく産んでも他の個体がすぐ

アカハライモリの幼生。小型サンショウウオ類の幼生とよく似ているが、イモリの幼生は成長にともない徐々に体色は黒くなっていき、体側に点のように見える側線が目立つことで見分けられる

に卵を食べてしまう。卵を産み付けるための水草（クロモやオオカナダモなど）をたくさん入れておくことで、他個体からの食害を減らすことができる。卵を確認したら、別の容器に水草ごと移動させて管理するとよい。

卵の管理で重要なのは、できるだけ刺激を避けることだ。水流や震動などの刺激を受けると幼体のふ化が早まり、いわば未成熟の状態で生まれてしまう。そうした個体は成長が鈍く、その後の育成にも悪影響が出るため、できるだけ卵の中で育ってからふ化するように導きたい。タイミング的には、幼体の前足が生えてからが理想的だ。

卵のストックは、なるべく溶存酸素がたっぷりで、かつ水流がなく水が揺れない環境が望ましい。それにはエアレーションをかけつつ、適度な擁壁を設けて水流が卵に当たらないように工夫するとよい。また、震動や大きな音にも注意し、暗めの状態を保ちたい。こうして管理すると、産卵から20～30日ほどでふ化が始まる。

死んだ卵があれば、水が悪くなる原因となるので取り除くとよい。幼生の飼育準備が整っていないのであれば、一時的に冷蔵庫などに入れることで、発生を遅らせることも可能だ。

幼生育成のポイント

ふ化した幼生がお腹のヨークサックを吸収し終えたら、給餌を始める。初期餌料はブラインシュリンプ幼生を用い、給餌回数は毎日～数日おきで与える。食べ残したブラインシュリンプ幼生は水を汚す原因となるので、スポイトなどで吸い取る。幼生の個体数や水量によって換水の頻度は変わるが、少ない個体数であれば残餌を水ごと吸い取り、減った分だけ数日おきに注水すれば問題ないだろう。幼生の飼育密度は、確実に育て

変態し上陸した幼体

上げたいのであれば共食いを避ける意味でも、極力少ないほうが安心だ。

幼生が少し成長すれば、冷凍アカムシなどを摂餌できるようになる。ピンセットでつまんで、幼生の口の前で少し動かしてあげるとすぐに食いつく。変態が近づくと外鰓が短くなってくるので、陸場を飼育ケース内に作る必要がでてくる。タイミングを見失うと溺死することもあるので、早めに陸場を用意してあげよう。上陸用の陸場は、飼育容器内に園芸用赤玉土をなだらかな傾斜をつけて敷いたり、発泡スチロールのカケラや果物ネットを浮かべた簡易なものでも問題ない。鉢底ネットを加工して使う例も多いが、カットした箇所が鋭利だとイモリを傷つける場合があるので注意しよう。

上陸した幼体の飼育環境

幼体は陸生なので、飼育容器内に水場を設ける必要はない。赤玉土を全面に敷き、シェルターを少し入れておくだけのシンプルなもので十分だ。飼育容器内に湿らせた赤玉土を5cmくらい敷いて少し腐葉土を混ぜたものを使用するが、幼体は蒸れにも乾燥にも弱いので注意したい。床材はべたべたにした状態にはせず、湿っている程度をキープする。また、溺れない程度の深さの水入れを設置しておくと安心だ。床材が汚れてきたと感じたら流水ですすぐか、新しいものに取り換えよう。清掃頻度も飼育状況によって変わるが、不衛生な環境で飼育していると病気の原因にもなるので、こまめに清掃することが重要となる。

このほか、上陸した個体はタッパーにキッチンペーパーを敷いたシンプルな環境で管理するという方法もある。飼育容器は背の低いフラットなものを使うことで、容器そのものがシェルターとなりイモリを落ち着かせる効果がある。

白いキッチンペーパーを敷くのは衛生面だけでなく、別の狙いも。背景が白いとイモリの体色もそれに合わせて明るくなる（いわゆる背地適応）。言い換えれば、イモリになるべく黒い色素（メラニン）を作らせないように、白い環境に置いて軽度のストレスをかけている状態だ。

フラットなタッパー（約27×20×H6cm）を用いた、上陸後の個体の飼育例。シワをつけたキッチンペーパーとメラミンスポンジは運動力を増やし、かつ互いの目線を遮る隠れ家にもなる。イモリは正の走触性を持つため、このように体が触れる場所を増やすことで安心する。フタの裏に濡らしたティッシュペーパーなどを貼り付けて空中湿度を保ち、湿度勾配(乾燥区画と湿潤区画）を作っている

こうした低用量のストレスによる獲得形質は子孫に伝わる傾向があり、累代することでやがてメラニン色素が薄い系統ができ、赤みが強く美しい個体が生まれやすくなる。

ストレスをかけると述べたが、もちろん大きな音や震動を与えたりやたらいじり回すといった、イモリの健康を阻害するような過度なストレスは与えるべきではない。取り除きたいストレスと、取り除かなくてもよいストレスは見極めたい。

幼体の餌やり

餌はフタホシコオロギの一令幼虫に市販されている両生爬虫類用サプリメントをまぶしてから、ばらまくようにして与えるとよい。フタホシコオロギ以外にも、餌用ショウジョウバエもよく食べる。こちらは小さなスペースで簡単に増やせるので、飼育数が少なければショウジョウバエのほうが使い勝手がよいかもしれない。このほか、冷凍アカムシをピンセットで揺すって与えることで餌付かせる方法もある。上陸直後の個体は餌に反応しないことが多く、繁殖させた愛好家がつまづきやすいのもここだ。餌をピンセットでつまんで目の前で揺らしたりしてなんとか食べさせたい。生き餌を問題なく食べるようになったら、徐々に人工飼料に移行させることも可能だ。この時期は毎日給餌し、夏季になるべく大きく成長させることが大切になる。。

均等に餌を与えていてもそこは生き物なのでおのずと成長に差が出てくる。サイズ差がつくと噛み合いが始まるので、そのつどケースを分けて同サイズの個体でまとめるとよい。

成熟してから水中生活へ

全長6～7cmほどまで成長したら、浅い水場をケース内に設置し、徐々に水中生活に移行さる。また、数年かけてストレスなく育てたオスは、メスがいなくても婚姻色を現しはじめるおで、これくらいに育ったら十分に成熟したとみて、水中生活に移行していくとよいだろう。

急に深い水場を作ると溺れることがありますので、注意が必要だ。幼生を上陸させる時と同じようになだらかな傾斜を床材で作り、底面式フィルターを設置するとよいだろう。水深が浅い場所や深い場所、陸地とイモリがシームレスに移動できる環境を整え、焦らずゆっくりと慣らしていく。

アカハライモリの色彩の不思議を追う!

飼育下アカハライモリの色彩発現について

文／丹羽（@Awin_go_ashore）

アカハライモリの色彩や遺伝的形質については不明な点ばかりで、わかっていることの方が少ないと感じる。なぜ美しい色彩が遺伝しないのか、なぜ真っ黒なイモリから色彩豊かな個体が生まれるのか……など。飼育下で遺伝予測できない悩み、対立遺伝子をノックアウトできずモルフを確立できない悩み、コントロールできない色彩発現のジレンマを多くの飼育者が抱えているはずだ。

親から子への遺伝はおろか1個体の色彩表現も、脱皮→黒化→脱皮→黒化を繰り返すので変化が当たり前。黒化だけでなく退色もある。色彩の美しいイモリを手にいれるため野外に出かける愛好家もいるが、自ら育て上げる喜びの方が比較にならないほど大きいだろうと思う。

イモリの色彩発現、発色とは

まずアカハライモリは、以下3種類の色素細胞を持っている。

・黒／メラノフォア

・赤～黄／ザンソフォア

・青～白、虹色／イリドフォア

さらに発色は、次の要素で構成されます。

・色素細胞の配置（遺伝）。

・色素細胞内に蓄える色素顆粒の量（摂取と代謝）。

・環境や摂食、成長ステージごとの上記要素の変化、配置替え（色素細胞の拡散と収縮を含む）。

黒と赤の発色

背側の黒色や腹側の黒斑は、色素細胞メラノフォアが配置され、色素メラニンがそこに沈着して黒い斑紋になる。赤い腹側や正中線などの部位にはザンソフォアが配置され、カロチノイドなどの赤い色素顆粒が赤く見せている。

赤色色素顆粒（カロチノイドなど）

基本的に色素顆粒はイモリの体内で生合成しないので、経口摂取する必要がある。赤の発色に関しては、赤色色素顆粒を摂取し、肝臓に貯蓄し色素細胞に運ばれ内包されることで赤くなる。生まれてから必要とする色素顆粒の量も相当だろう。飼育下などで赤色色素顆粒の摂取が少ないか、あるいは累代が進むことで薄色化、腹側がオレンジ～黄色になる。ただし遺伝系統によっては少ない色素顆粒でも、上陸時から真っ赤に発色するものもいる。

黒色メラニンについて

イモリの背側の黒色は色素細胞メラノフォ

白みが強くなった状態
(写真提供/丹羽さん)

アのメラニン色素によるもので、体内で生合成される。黒色は外敵の目を逃れるため目立たなくすることと、強い紫外線からの防御機能として重要な役割がある。しかし一方で、オスの尻尾などに現れる鮮やかな婚姻色は、交配相手の目にとまってナンボの背反した目的を持った色彩を発現する。

通常、尻尾には色素細胞イリドフォアが多く配置される。腹側の赤色はザンソフォアの配置、腹側の黒斑はメラノフォアだ。背中にメラノフォア配置が少ない部分（正中線や耳腺付近など）が赤くなったり、稀にイリドフォアが配置される個体もいる。

飼育下で色彩発現を追及するためには、黒化→メラニンの定着を回避し、遺伝的なメラノフォア配置が少ない個体を選別していくことを主眼としていく。つまり、色素細胞配置を遺伝因子と捉え、好みの表現個体を選別することによって次世代の個体に遺伝の顕在化を期待して微調整するのが狙いだ。

発生〜幼生〜上陸変態前

メラノフォア配置の少ない個体が、色彩発現バリエーションの土壌となるので、1ペアの種親から極力たくさんの有精卵を確保、隔離する。

とにかく個体数を確保するのがおすすめ。確率の問題ですが、発生した時すでに「何か違う」と感じた個体は、色彩発現の楽しみな個体の候補と考えてよいだろう。

色素細胞の配置について

確信を得ていることは、発生前にはすでにメラノフォア配置図がほぼ決まっているであろう、ということ。とにかく遺伝的要素は大きい。ただし成長ステージのある局面で間違いなく色素細胞そのものの配置がガラリと変わる個体もいる。

色素細胞の配置について

生活史の各成長ステージを通じて、黒い背中は黒いままであり、黒色からの変化は容易でなく確度も低いので、発生時から黒くない個体に注目していく。色彩素質の発現、顕在化には個体選別が重要だ。以下の点に留意するとよいだろいう。

・健康体である（外鰓の張り、餌喰いなど）。
・眼球、光彩の黒い紋様が少ない個体。
・体型バランスが極端な個体は避ける。特に頭蓋の巨大な個体が生まれたらご注意。

水棲幼生時期のポイント

水棲の幼生時期に気を使っているポイントをまとめよう。

・暗い環境、または明るい環境のどちらか。どちらに適した色彩発現も存在する。中途半端にしないことで見極めるのも重要。
・溶存酸素量は常に飽和状態を目指す。
・上陸は可能な限り遅らせるのがおすすめ。
・水換え推奨。水質が悪化すると黒くなる個体が多い。動植物に由来する老廃物が形成する汚泥やフンなど、目に見えるもの以外にも水質を構成する要素は数えきれない。環境指標数値の計測を継続しつつ、水換えをするのがよい。水換えによって脱皮を促し、黒化定着を回避または色彩の維持向上を図るためだ。
※水換えによるストレスには賛否両論あり、各飼育者の責任で工夫しよう。全量水換えは危険を伴う。筆者は野生下のイモリ幼生観察からヒントを得ている。水棲幼生の脱皮頻度は注視した方がよい。
・水カビ防止にメチレンブルー、マカライト水溶液を使用してもよいが、どちらも効果は実感できず、個体への負担が未知数。
・空腹や、水草を入れると黒化する個体が多い。岩石などオーナメントなど水質変化をもたらすものも極力省く。ただし稀にいる黒くならない個体はどんな環境下でも黒化しない。
・飼育容器の水面の面積は大きければ大きいほどよい。
・水深は10～30cm。極端に水深が浅いと上陸が早まると共にストレスがかかるため、黒化の要因となっている可能性がある。上陸を早めるテクニックもあるが、発育不全を多く出したことがあるので、あまりおすすめできない。
・浅い水深のプリンカップでも水温を下げるなどすれば、上陸が極端に早まることはない。水温と溶存酸素量の逆相関は必ず念頭に置こう。希釈チオ尿素を使用して上陸を遅らせることもできるともいわれている。
・多頭飼育については個体間に余程の体格差がなければ気にしない。

上陸変態時、上陸幼体期～水棲化まで

上陸変態と同時に色素細胞が一部再配置される個体がいる。ガラリと化けるので要観察です。幼体期は、骨格、筋肉、脂肪の形成期にあたるので、陸上でしっかりと亜成体まで育成するのがおすすめ。上陸直後から肝腎機能が向上し色素顆粒の貯蓄能もついてくるので、色彩表現が大きく変化する。また、色彩発現がうまくいくためには健康である上に、「イモリにとって満ち足りた状態」が重要だ。リラックスし、適度に運動でき、清潔で空腹感のない状態をベースとして捉えよう。環境の悪化劣化と共に次第に黒くなっていく個体が多く見られる（元々黒い個体は除く）。ただの黒化ではなく脱皮した後も黒いまま。この時期のポイントは以下になる。
・イモリは桿体細胞に視物質ロドプシン、錐体細胞に光受容タンパク質オプシンを持つので、明暗および色彩を知覚できる。なので、暗い環境がおすすめ。ただし床や壁は白い方が都合がよい。なお、アカハライモリの視力は弱いと一般的に言われるが、実証的に検証した論文は見つからない。
・陸棲期は骨格、筋力、体脂肪の形成期であると共に、特に腹側の赤色をつける時期と

も言える。上陸させず水棲のまま育成すると赤くなりにくい。

・気中湿度が低いと黒化あるいは黒くなる個体が出やすくなる。脱皮不全を惹起する可能性もある。特に乾燥には注意しよう。表皮の水分は皮膚呼吸に必要であり、生命維持に直結している。

・陸上では特に床面や壁面、植物など何かに肌を密着させて休む。幼体は何かに身体が触れていると落ち着くためか皮膚病になりやすいので、カビなど真菌対策を入念に行ない、免疫力低下を回避する。

・活き餌から人工飼料への移行は量を調整する。健康体を維持かつ痩せ型、肥大型にしない給餌頻度がおすすめ。幼体時期は皮下脂肪を充分つけたいが、肥りすぎは空腹時間の長期化に繋がり、黒くなる個体が多いためだ。

・アクアテラリウム、パルダリウムの環境ではその清潔性を保つのに高い技術が必要になる。個体の色が黒くなる場合は、環境が悪いのか（皮膚への悪影響がある菌類繁殖など）、その個体の個性かのどちらか。イモリの発色に適した環境まで見すえたパルダリウムを作れる人は、本当に稀。

・日光浴、UV-B浴は気温と乾燥に注意しつつ、直射を避けて30分以内がよいだろう。カルシウムとビタミンD3など添加サプリメント摂取も併用するが、健康維持だけなら個体自身によるビタミン生合成で充分だ。サプリメント過多にならぬよう注意。

・アスタキサンチンなどカロチノイドの経口摂取は陸棲期がおすすめ。これは野外の幼体イモリの観察にヒントを得ている。皮下脂肪形成期、肝腎機能が向上する時期に色素顆粒の蓄積と色素細胞への運搬供給が安定し、色彩も落ち着いてくるためだ。

・上陸直後から直系の遺伝に大きく影響された腹の黒斑ができ、同じく腹側のザンソフォアに赤色色素顆粒が定着していく。メラニンは生合成するが、赤色色素は大量の経口摂取が必要となる。

性成熟の年

総排泄口が初めて大きく膨らむ年には、特に背側の色彩など全身の色素細胞配置がガラリと変わり、化ける個体がいる。例えば尻尾に配置されるべきイリドフォアが背中全体に配置されたり、驚くほど退色することができるようになったりする。これは遺伝によるものか環境または摂食によるものかわからず、観察して変化を捉えるしかないのが実状だ。筆者の場合、あえて明るい環境にしているのは、アイモリンとソデフリンといったフェロモンによる交信よりも前に全身で明暗を知覚するイモリにとって、オスの鮮やかな色彩を捉えるために光が必要だからだ。

亜成体、つまり体型が成体と変わらない形になったら色彩変化に注意しつつ給餌量の調整行う。1回あたりの給餌量を少しずつ増やし、回数を少しずつ減らしていく。1回の給餌量で満腹にしていると肥大化していきます。性成熟が完了し成体になったらもう体格はほぼ変化しないので、さらに給餌間隔を延ばしても大丈夫だ（個体差あり）。

成熟補足

健康体であっても生殖能障害（蓄精機能

や発情しないなど）がある場合も。特に累代を重ねた遺伝的偏りのある個体は、健常に見えても何らかの機能障害や生理機能の極端な強弱が現れることが多い。

なかなか性成熟しない個体は、発情中の異性を混泳させたりするとスイッチが入ることも多いが、何を試しても全く発情しない個体もいる。

成体の色彩について

●野外採取の個体

例えば美しいイモリを発見したとしても、その個体の美しさはその瞬間がピークだと考えた方がよい。捕獲して持ち帰っても、次第に色彩は悪くなることが多いのは、野外の個体を飼育下に置くことによるストレスあるいは環境変化（悪化）によるもので、多くは黒くなっていく。飼育手法が確立していて、前世代の色彩表現を確認できるCBこそ、入手することをすすめる。飼養管理に苦労が少ないことがとにかく重要だ。可能なら種親の形質だけでなく、その前の世代を遡及確認して納得のうえ入手するとよいだろいう。

● CB成体の色彩発現

飼育繁殖者の情報提供がない場合は個別管理の下で多くの要素、条件を模索することになる。

その個体がきれいに発色する条件は、それこそ個体ごとに違うと言えるほど多様だ。ラジオの周波数のようにある条件下で突然クリアな発色になる個体もいるし、大雑把な条件下でもきれいになる個体もいる。黒化回避の基本は同じ。

特記すべきは飼育水の水換えだ。筆者は1回で100%の水換えはしないが、必ず1週間で全量を1回転させている。フィルターで回していても水は溶質構成が変化して古くなり、個体の内外に住む常在細菌のバランス崩壊を招き、黒化、肌荒れを惹起する。自然下では回遊移動しているイモリを、止水域に定住させるリスクを想像すれば理解しやすいだろう。

黒化と退色

きれいだった成体の色が黒くなる、くすむというのは、良い悪いという物差しではないが、適した環境下では発色が明るく向上する傾向にある。単に黒くなるだけでなくメラニンが定着して黒化する要因として、具体的には、

- ・気温水温の温度帯がストレスを与えている
- ・水質悪化（要素は多過ぎて割愛）
- ・空腹
- ・オーナメントや壁面床面の配色
- ・混泳動物（同居動物）によるストレス
- ・ハンドリングなどのストレス
- ・タンクスケールの狭小化ストレス
- ・ケガ、疾病、常在細菌バランス悪化

などが挙げられる。上述の要因を取り除くことによって、黒くなった個体でも遺伝的に受け継がれたきれいな色彩を取り戻すこともあります。その場合、一定の脱皮頻度が保たれ、脱皮する度に色彩発現が回復する。

黒化し始めたと判断したら、脱皮を促すための水換えも一つの手段だ。

体表が白くなる退色については要因が掴めていないが、遺伝的なものか環境であろうと思われる。明るい環境下で白く退色す

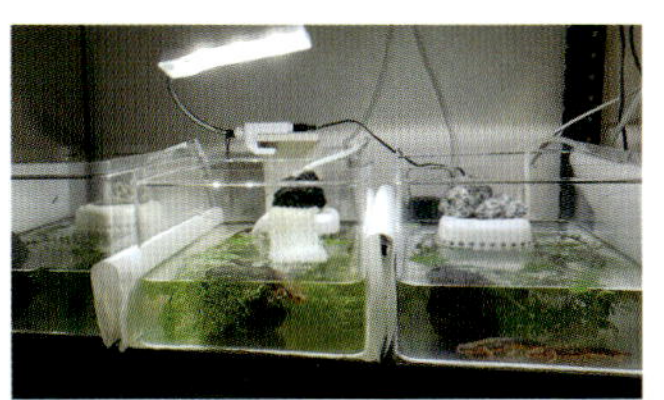

丹羽さんの飼育スタイルは、あくまでシンプルを旨としている。こうした環境でコンスタントな水換えにより脱皮を促し、色素の沈着による黒ずみを抑えているという

←小型のケースに上陸用の陸地、投げ込み式フィルター、少しの水草が基本形（普段はフタをしている）。温度は上限28℃とし、暑い時期はエアコンで管理する（2点とも写真提供／丹羽さん）

る個体が多いが、他の要因も多く考えられ、また系統ごと個体ごとに差異がある。

ちなみに婚姻色は、主にオスの尻尾に配置される色素細胞イリドフォアの配置によるものであり、反射小板にあたった光が反射分散して目に見えることによる色彩だ。体表と色素細胞の距離によってレイリー散乱のように紫～青～白の光が反射される。通常、イリドフォアはオスの尻尾に高密度で配置されるが、背中や脇腹に婚姻色が現れる個体もいる。

補足

・個体ごとの観察が何より一番重要。観察が継続できないとイモリは死ぬ。

・環境：アクアテラリウムやパルダリウムでのイモリ飼育は、作ることは容易だが長期維持管理はとても難易度が高い。環境指標を計測し個体の状態を観察して、環境微調整とケアの繰り返しだ。特に発色に主眼を置いて飼育するなら、シンプルで計測管理しやすい環境をおすすめする。

・摂食：活き餌（ダスティングとガットローディング含む）、人工飼料（サプリメントを含む）は、鮮度と量と頻度にご注意を。

※飼養管理環境外に生体が脱出が可能な状態にしておくことは論外。

・ケガに起因する皮膚病は、特に真菌類が死因となるケースが多い。陸上では植物やオーナメントに繁殖するカビ等、水中では汚泥やバクテリアが形成するバイオフィルムに共存するミズカビ等が、免疫力低下中の個体の疾病を惹起することがある。健康状態の観察、免疫力維持のため摂食バランス（カルシウム、ビタミン類）と適度な運動可能領域が必要なのは言わずもがな。最近SNSでよく見かけるが、眼が白く濁ったらミズカビ感染を疑う。

・皮膚呼吸の重要性については、生命だけでなく肌質、色彩に大きく関係する。水中ならば溶存酸素量、陸上ならば気中湿度は重要です。特に皮膚呼吸能の高いアカハライモリは、健康であれば息継ぎなしで水中越冬が可能。代謝の低い冬季は、気圧の(比較的)高い平地で凍らない水準の低温であれば水中の溶存酸素量で必要な酸素量が皮膚呼吸でまかなえるためだ。

PART 03 Sword-tail newt Variation Catalog

シリケンイモリ
バリエーション・カタログ

南西諸島に分布するシリケンイモリはアマミとオキナワの２亜種が知られ、
それぞれ異なった色彩や模様を持つ。
近ごろは、それをより強調したような個体の作出も盛んだ

オキナワシリケンイモリ

シリケンイモリとは？

アクアリストに馴染み深いイモリといえば、日本各地に生息するアカハライモリの名前がまず挙がるだろう。そしてもう1種、近年人気を上げているのが、シリケンイモリ（*Cynops ensicauda*）だ。本種は沖縄や奄美に分布する日本固有のイモリであり、アカハライモリより幅広で長い尾を持つことが、“尻剣”の名の由来である。奄美産のものが基亜種のアマミシリケンイモリ（*C.e.ensicauda*）、沖縄産のものは亜種のオキナワシリケンイモリ（*C.e. popei*）に分けられる。

外見的な違いとして、奄美産は目立った斑紋を持たず無地ないし体側にオレンジのラインが入る。一方の沖縄産は、地衣類を思わせる金箔状の模様をまとった個体が多く見られる。だがこれは個体差もかなりあり、全てに当てはまるわけではない。くわえて近年は飼育下でのブリードも盛んで、従来にないほど鮮烈な色彩を持つ個体も流通するようになりつつある。様々なシリケンからより自分好みの1匹を探せるという、かつては想像もできなかった状況になりつつあるのだ。さぁ、あなたもシリケン探しに出かけてみよう！

アマミシリケンイモリ

Cynops ensicauda ensicauda

野生個体は奄美大島やその周辺に分布。背中に赤や黄のラインを持つものが多く、その点に注目した改良が進められている

強い赤を乗せた体全身に黒いドット模様を散らせた姿は、毒々しさすら感じさせる美しさだ。メス個体（3歳）

地色が青みがかったグレーを呈し、まるで銀箔を貼ったような渋い表現を持つ。撮影中ですら人に向かって寄ってくるほど活発なオスの個体（2歳）

下のメスと同胎のメス。より赤みの濃い体色を持つ

黒斑の少ないメス個体（３歳）。ほのかにオリーブ色を帯びた赤い体が味わい深い。

当歳の若い個体。
将来に期待できる赤さだ

オス（4歳）。オレンジの明るい発色が見事。1組のペアから40～50匹の仔が生まれるが、このクラスはごく一握りという

オス（6歳）。赤と黒がまだらに入り混じった、存在感のある配色。どこか海外のイモリを思わせる

ときおりこうした眼の赤い個体が出現する。理由は不明だが遺伝しやすい形質のようだ

オス（3歳）。体の斑が少なく、赤黒い体色がよく映えている。繁殖期が過ぎたため、これでもベストの体色ではないという

メス（9歳）。赤みと黒斑がバランス良く混ざった発色を持つ。親は採集個体で、さほど色味はなかったとか。ここにブリードの醍醐味と難しさがある

野生個体に近い雰囲気のブリード個体（約７歳）。選別交配を重ねても、こうした個体はある程度出現する。ここまで黒いものはかえって珍しいかも

メス（6歳）。赤みが強く、黒斑はほとんど入らない。こうした表現がうまく遺伝できると、将来真っ赤な個体も期待できそうだ

非常に黄色みのつよい野生個体。見つかることは稀

10年以上前に採集したメスのワイルド個体。胴に大きく入った黒斑が面白いが、この形質はあまり遺伝はしないという

1歳の若い個体。黒斑がかなり多い

1歳の個体。他よりも一回り大きく色みも美しい

1歳の個体。黒斑がほとんどない。こうした特徴のはっきりした個体を手元に残し、ブリードに用いる

オキナワシリケンイモリ

Cynops ensicauda popei

野生個体は沖縄諸島に分布。地衣類を思わせる
金箔状の模様をまとった個体が多く見られる

体の正中線の赤いラインに、金箔模様がその
まま隣接して乗る特殊個体。通常はラインと金
箔は離れて出現するのだが、この個体のみこの
ような表現に育ったという。メス（3歳）

全体に淡くオレンジがかり、金
箔もまとったファンシーカラー
がかわいらしい。3歳

後天的に赤みが出たタイプ。当初はもっと地味な体色だったとか。じっくり育成したところ、赤が強く出た姿になった。こうした現象はときおり見られ、イモリブリーダーを悩ませる一因でもある。メス（3歳）

当歳の若い個体。すでに赤ラインと金箔が色濃く現れつつあり、今後に期待が持てる。加えてこの個体は非常に強健な系統でもある。これも、飼育生物として重要な要素だ

交配によって出現した個体。金箔はほとんど乗らず、体側の赤いラインの部分が広がって黄色くなり、黒とのツートンカラーを呈している。エクレアのような模様で、ちょっと美味しそう（!?）。3歳

体側に大きくブロッチ状に入る黒斑がユニーク。地色の赤みも濃く、メリハリの利いた体色が目を引く。北部産

赤みが濃く、黒い地色とのメリハリの効いた表現が目を引く。金箔模様は控えめだが、それがかえって赤を引き立てているようだ。北部産

全体に赤みが強く、黒い地色の下から炭火のような赤がにじんだ美しい個体。金箔がスポット状に乗り上品な雰囲気を醸し出している。北部産

背面に金箔模様が広く乗り、前足から後ろ足をつなぐように、横腹にも赤いラインが出現している。この箇所に赤いラインが出るものは少なく、観賞価値が高い。南部産のメス

金箔模様が体を広く覆った個体。その分体側の赤いラインは発色が淡く、この傾向を強化して交配を進めれば面白い表現になりそうだ。南部産

体側がほぼべったりと金箔で覆われた、非常に美しいオス個体。とりわけ左側の色の乗りが素晴らしい。4歳

上のオスと同世代のメス個体。ムラのない金箔が尾にまで広がっており、こちらも見事！

この頁の個体の親世代と思われるメス。沖縄本島中部産の系統で、体側のレッドラインは目立たないが、金箔の乗りなどは共通性が見られる

赤いラインが金箔でサンドイッチされたような表現が独特。こうした個体の出現率は低い

体の両サイドに２本ずつ、背中に１本とあわせて５本のレッドラインを持つ美個体。金箔の乗りも良く、スプーンヘッド気味の頭部もユニークだ。２歳

レッドラインが明瞭で金箔の乗りも強い。2歳。こうした個体の出現率が上がれば、シリケンのブリードはさらに盛り上がるだろう

目立った模様を持たない個体。こうした個体の出現率はかなり高い

赤みがなく、黒と金箔だけのシックな表現の個体。こうしたタイプもある程度の割合で出現する

金箔が乗らず、赤と黒だけで構成された個体。遺伝的にもレアな表現だ。1歳

小さな頃さほどでもなかったが、成長につれ急激に赤みが増したとか。こうした先が読めないところも、シリケンブリードの深さだ。1歳

ほぼ全身が真っ黒で、一見するとアカハライモリと勘違いしそう。派手な印象のあるオキナワシリケンイモリだが、こうした表現もある程度出現する

離島産の個体。腹側以外に赤が乗らず、黒い体へスポット状にまとった金箔が独特。心なし頭部が平たく、本島の個体とは違った雰囲気を感じる

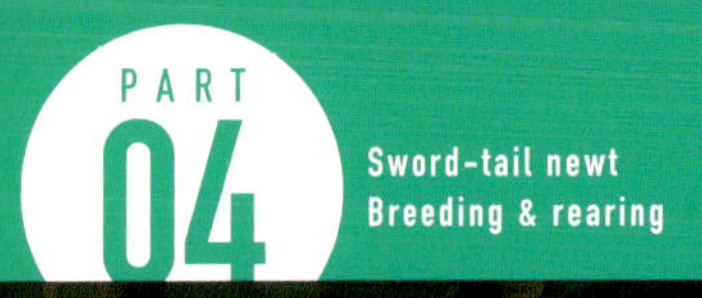

アマミシリケンイモリ。底砂にはイモリの体色アップを考慮して、明るい白い砂を用いている

シリケンイモリ
の飼育と繁殖

シリケンイモリは比較的陸生傾向が強く、
パルダリウムの住人として選ばれることも多い。
飼育・繁殖についてもややアカハライモリとは異なる点があるため、改めてまとめていく

45cm スリム水槽を用いたオキナワシリケンイモリの飼育例。シリケンイモリというと陸地メインのイモリウムが流行りだが、ここでは水場を広く取った環境を用意した。高水温に注意すればこのスタイルで通年飼育でき、繁殖も可能だ

DATA
水槽：オールガラス水槽（45×20×H22cm）
フィルター：底面式（マルチベースフィルター S）、ウールマット（砂中にセット）
底砂：サンゴ砂
生体：オキナワシリケンイモリ（南部産）1 ペア
水草：アナカリス、アマゾンフロッグビット

シリケンイモリを飼おう！

シリケンイモリ（以下シリケン）はアカハライモリより体が一回り大きくて四肢がガッシリとしており、ケージ内に配した流木や植物を器用に這い上ったりと、陸上での活動も得意とする。こうした特徴から、陸地を多く設けたアクアテラリウムや、さらに一歩進んでよりイモリと植物の共生を目指した、“イモリウム”（後述）で付き合う愛好家も多くなってきた。とはいえイモリウムを管理するにはコツも必要になるので、まずはオーソドックスな飼育方法から説明していこう。

ベーシックな飼育方法

【生体の入手】

痩せや肥満、腫瘍のある個体には注意したい。特に背骨が浮くほど痩せたものは、いったん回復しても再度激痩せすることが多い。ワイルド個体は流通の段階で調子を崩していることがあり、状態を立ち上げるのはなかなか難しい。購入する際は、体や手足などの末端部に充血が見られず、元気に活動している個体を選びたい。できれば両生類の扱いに強いお店でトリートメント済みの個体がおすすめだ。ブリード個体であればこうした導入初期のトラブルが起きにくいので、可能であれば積極的に選びたい。

【お水多め？　陸多め？】

シリケンは半水棲の傾向が強いイモリであるから、アクアテラリウムのような陸地が多い環境で飼いたくなるのは必然……なのだが、野生採集個体は水中でしか餌を食べないこともあり、かつ陸地の多いレイアウトでは管理が悪いと皮膚病にかかりやすいなどの問題点もある。まずは水場を広く取り、浮島などで上陸できる場所をしっかり設けたレイアウトか

（上）底砂は明るいサンゴ砂を敷き、イモリの金の体色アップを狙っている。溶岩石は脱皮の際のとっかかりに。（下左）陸地にはカメ用の浮島（タートルバンクS）をセット。水位に合わせて移動できるので使いやすい。（下右）イモリで怖いのが脱走だ。水槽のフチに別売のフランジ（アクアフランジ6-30）を取り付け、フタが隙間なく乗るよう手を加えた。φ７のドリルでエアチューブを通す穴を空けている

らスタートしてみよう。

飼育に慣れてきたら、陸地を広く取ってシリケンが入水できる場所も用意し、個体ごとに好みの好きな場所を選べるように環境を調整していけば、失敗が少なく抑えられるだろう。飼育者が清掃しやすくレイアウトすることも大切なポイントだ。

【基本的な環境セッティング】

１ペア～数匹の飼育なら、60㌢レギュラークラスの水槽に投げ込み式などの簡易なフィルターを設置し、石や流木、カメ用の浮島などで陸地を設けよう。

シリケンは上陸しにくいとあっさり溺死することもあるので、陸地は登りやすさも考慮して配置したい。スロープが付いた爬虫類用シェルターもよいだろう。水中にアナカリスなどの丈夫な水草を配置すると、水から上がる際の足場になるのでオススメ。底には砂を薄く敷いておくと、水質の維持に有効なほか、移動する際の足がかりにもなる。底砂の種類は好みでよいが、明るいタイプを選ぶとシリケンの体色を引き立てる効果が期待できる。

【飼育の適温】

南方の種であるシリケンは暑さに強いイメージがあるが、現地でも比較的冷涼なエリアに生息するので、さほど高温に耐性があるわけではない。一時的であれば30℃を超えても死ぬことはないが、長時間高温にさらすのは危険。適温は15～25℃あたりで、気温が28℃を超えてきたらエアコンやファンを使って温度を下げる工夫をしたい。

【世話】

普段の世話としては、餌やりと水槽の掃除につきる。イモリは意外と大きなフンをするの

餌用のワラジムシ。こうした活き餌もメニューに加えると、拒食時などに重宝する

イモリ専用の人工飼料（ひかりイモリ／キョーリン）。こうした餌に慣らすと世話が楽になる

普段からピンセットでの給餌に慣らしておくと、餌を食い散らかしにくいなど、管理の面でも役立つ

で、餌の食べ残しや枯れた水草などのゴミとともに、こまめに取りだして処分する。特に気温の高い時期は老廃物が傷みやすく、放置すると水質悪化や病気の原因となりやすいので、早めに対処しよう。

【給餌】

カメや爬虫類、大型魚用の人工飼料をメインに、生き餌（冷凍アカムシやイトミミズ、ワラジムシなど）を織り交ぜて、単食にならないようローテーションで給餌する。人工飼料は栄養が豊富なので、過食させると肥満や病気の原因ともなる。食べ足りないかな？　と感じる程度の量がベター。目安として、その個体の頭と同程度から半分くらいの量で十分だ。

成体には週に2、3回程度、幼体なら毎日給餌して成長を促すとよい。

飼育上の注意点

【脱走注意！】

とにかくシリケンは脱走がうまい。全身が軟骨の塊のようなもので、エアチューブが通るだけの穴から抜け出してしまうこともある。水槽やケージはしっかりとフタをし、隙間はメッシュやテープなどで塞ぐようにする。飼育を始めるときは、まず、いかに脱走されにくい環境にするかを考えよう。

【密度は低めで！】

多頭飼育をしている場合、調子を崩した個体が出した毒が全体に広まり、一気に全滅ということも起こりえる。飼育頭数は控えめにして密度を低くし、調子の悪そうな個体がいたらすぐ隔離すること。

【他の両生類のと兼ね合い】

国産のイモリ、とくに採集個体は体表にツ

ボカビ菌を保有している確率が高い。アジア産の両生類はツボカビに耐性を持つが、マダライモリなど欧米産の種にとっては非常に危険で、感染すれば全滅の恐れもある。シリケンを飼育する場合、海外のイモリやサラマンダーも飼育しているなら、シリケンとの同居や飼育器具の使い回しは避けるべし。ケージもなるべく離しておきたい。

起こりやすいトラブルと対処法

【拒食】

シリケンが最も起こしやすいトラブル。極端な痩せを伴わないなら数日様子を見るとよいが、長期間餌をとらないようであれば落ち着ける環境に移し、小さめの活き餌に切り替えてみる。特に嗜好性が高いのがハニーワーム、イトメに混じる大きめのミミズ、オタマジャクシなどだが、これらを与えすぎると人工飼料を食べなくなってしまうことがあるので、体力を取り戻すまでの最終手段とした方がよい。

【皮膚病】

掃除などのメンテナンスを怠ると発生しやすく、体表が赤くただれる、手足の先が溶ける、眼の白濁、衰弱といった症状を見せる。症状の出た個体はすぐに浅く水を張ったケースに隔離し、毎日数回の水換えをして様子を見よう。赤いただれの場合は、固く絞ったミズゴケを敷いて通気を確保しつつ管理し、ミズゴケは頻繁に交換する。もしくは湿らせたキッチンペーパーを敷き、患部にテラマイシン軟膏をうすく塗って様子を見る。こうした方法で治ることがあるが、発症したイモリは数日とかからず命を落とすことも多いため、早期発見と隔離が重要となる。そのためにも、観察やメンテナンスのしやすい環境が重要だ。

イモリウムで付き合う楽しみ

イモリウムとは、ケージ内にコケや植物、水場を配し、見た目だけでなくイモリの生態をより重視したレイアウトのこと。生息地さながらの環境でイモリが自由に活動する姿を観察するのは、水槽飼育とはひと味違う楽しみ方だ。

シリケンも立体活動することで運動量が増し、内臓疾患などのリスクも軽減できる。加えて、植物の浄化力や土壌生物の働きにより、床材を丸洗いする必要がないため、神経質な個体にもストレスをかけにくいなど多くのメリットがある。

一方で、単にイモリを飼うというより、「イモリの暮らす環境そのもの」を飼育することでもある。イモリの生態に沿った環境が整えられれば抜群に調子よく飼育できるし、そぐわない環境であれば皮膚病などに感染しケージ内全滅を引き起こす危険もある。いわば諸刃の剣。まずはオーソドックスな飼育をこなし、シリケンの特性を把握することが成功への近道だ。

【イモリの導入】

ショップにいるシリケンすべてがイモリウムで飼育できるわけではない。水棲形態になっていたり、ワラジムシなどの生きた餌しか食べない個体は管理の面から不向き。イモリウムで飼うなら、必ず陸棲形態、ないし陸地好き

幅30cmほどの小型ケージにしつらえられた“イモリウム”に色変わりのアマミシリケンイモリが遊ぶ。シダ類はこのケージ内でもサイズを維持できる種類を選んで植栽している

ケージの天井に設置されたファン。通気性を確保することでカビの発生を抑制している

水入れはシリケンイモリの体が浸り、出入りのしやすい形状のものを選ぶ。水は毎日きれいなものに交換したい

の個体を選ぶこと。皮膚がゴワゴワした感じであれば陸棲形態で、反対にぬめっとした質感なら水棲形態である。皮膚の状態と真逆の環境で飼うと、溺死や皮膚病を招く恐れがある。

購入した個体はプラケースに砂利と浅く水を張ったシンプルな環境でストックし、アカムシや人工飼料をピンセットから食べるよう餌付けていく。その間にイモリウムを立ち上げて1ヵ月ほど環境を整えておくと、ちょうどよいタイミングでイモリウム飼育を始めることができる。

【イモリウムに最低限必要なもの】

●ケージ

通気性が悪いと蒸れてシリケンや植物が調子を崩し、環境そのものがダメになる。かつイモリは脱走の名手でもあるから、通気性がよく、かつ余計な隙間のないものが望ましい。

●水入れ

全身が浸かるサイズのものを設置。脱皮不全や便秘の回避にも有効。

●照明

植物の育成のため、ケージの幅よりやや小

イモリウム向きの植物

ホソバオキナゴケ
乾燥に強くイモリに踏まれても枯れないので、流水を作らないタイプのイモリウムにはうってつけ

コツボゴケ
イモリに踏まれても枯れず多湿にも強く、かつ成長がゆっくりなので、水を流すイモリウムに植えるコケとしては、最も相性が良い

マコデス・ペトラ
ジュエルオーキッドの一種。強健で、イモリに踏まれても枯れることなく、多湿乾燥ともにある程度適応するので使いやすい。金色に輝く葉脈は、オキナワシリケンイモリの金箔とよくマッチする

さい程度の照明は必須。あまり大きなものは熱でイモリにダメージを与える。

● **温湿度計**

湿度約70～80%が目安。

● **コケ類**

イモリウムの魅力の一つが「生きたコケに土壌生物が定着し、浄化能力を高められる」ことなので、コケ類は必ず植えたい。床材に敷き詰めることでフンが目立ち、管理がしやすくなるという利点も。

● **その他の植物（シダ類など）**

好みでかまわないが、植えることで浄化能力のアップが期待できる。

● **床材**

最下層に軽石を敷き、その上に土（ソイル・赤玉土・山野草の土など）、コケ類の順でセットすると排水性が高まる。

● **鉢底ネット**

軽石の層と土が混ざらないよう、軽石の上に敷いてから土をかぶせる。

● **その他あるとよいもの**

小さな溶岩石（脱皮の補助になる）、霧吹き、給餌用ピンセット、フン取り用ピンセット、スポイトなど。

【イモリウムの管理】

水入れは毎日水を取り替え、ケージ全体を霧吹きし適度な湿度を保つ。また、土壌生物による浄化作用があるとはいえ、フンを放置すると環境を傷めるので、ピンセットで取り除こう。

植物は茂りすぎるとシリケンが隠れて出てこなくなり、思わぬトラブルを招くことがある（観察不足からの皮膚病など）。過度に茂った植物や枯れ葉も適宜トリミングし、シリケンを最適な状態で観察・管理できるよう環境をコントロールすることが重要だ。

イモリウムの醍醐味は、こんな自然界をそのまま切り取ったような構図が、自宅にいながらに楽しめることだ

繁殖にチャレンジ

晩秋から翌春はシリケンの産卵シーズンだ。オスはメスに対して盛んに尾や体を震わせてアピールし、相性が良ければそのまま産卵に至る。自分の気に入った個体の子を採る、より美しいシリケンの作出を目指す……理由は様々だが、ブリードにも挑戦してみると新たな楽しみが拓けるだろう。資源保護の意味合いからも、飼育下での繁殖は有意義だ。

シリケンは体内受精で繁殖するタイプで、オスが落とした精包（せいほう）（精子の詰まったカプセル）をメスが体内に取り込み、受精卵を産む。

繁殖用のセッティングは、大きめのプラケースに水を張り適度に陸地を設けた半水棲の環境を用意する。ここに産ませたいペアを移そう。卵は水草の葉で、1つずつ包むようにして産み付けられるが、イモリウムのように陸地の多い環境では、水際のコケ内に産むこともある。卵は毎日少数ずつダラダラと生み続けるので、親や他の個体に食べられる前に水草ごと他のケースに隔離し、涼しく温度が安定した場所でふ化をまとう。その間、カビた卵や無精卵は随時取り除くこと。

ふ化～幼生の世話

有精卵は20日～1ヵ月程度でふ化するが、場合によっては1ヵ月半～2ヵ月近く経って手足が生えそろった状態で生まれることもある。ふ化までの期間が長いほど幼生のサイズは大きく、その後の育成も楽になるので、発生が

雌雄の違い

【オス】
尾が幅広で、尾の付け根に膨らみが目立つ

【メス】
オスよりも尾が細長い

受精後のメスは、水草の周囲を徘徊する。産卵にはより新鮮で調子のいい水草が選ばれる傾向があり、そうした環境を見定めているようだ

産卵するでもなく、葉に総排泄孔を押しつけるような行動を見せることもある。卵の産み心地（？）を確認しているのだろうか

気に入った水草を見つけると卵を産み付け、後ろ足で葉をこねるようにして包み隠す

産み付けられた卵。葉で包まれ、桜餅のようになっている

ふ化した幼生（生後約２週間）。カエルと反対に、最初に前足が出現する

進んでいるなら焦らず経緯を見守ろう。

ふ化から１週間後あたりでブラインシュリンプや小さなイトミミズなどの給餌をスタートする。餌を食べ始めると幼生同士のかじり合いや連鎖的な死亡が起きやすいため、このタイミングでプリンカップなどに移して個別飼育に切り替えたい。幼生が多く個別に分けるのが難しい場合、なるべく大きな容器を用意してスポンジフィルターを設置し、かみ合い防止のため餌は多めに与えること。その分ゴミや食べ残しの除去もより多く必要になる。水換えに使う水はあらかじめ汲み置いておき、飼育水と水温を合わせるのが大切だ。とにかく、幼体の管理は水換えと清掃に尽きるといってよい。

幼生には成長に合わせてミジンコ、ホワイトワームやグリンダルワーム（いずれも線虫の仲間）、アカムシ、オタマジャクシなど様々な餌を与えることで上陸時の体格がよくなるので、なるべくバラエティ豊富に揃えておこう。

上陸時の管理

【上陸】

ふ化から３～４ヵ月もすると、幼生はエラが小さくなり、陸に上がり始める。上陸の１週間ほど前から餌を食べなくなるので、アナカリスを入れたり陸地を多めに設けたりして、上陸しやすいようにしてやろう。上陸後も１週間ほどは餌を食べないため、いかに幼生時に大きく育てておくかが、後の成長にも影響するポイントとなる。

上陸した個体は、湿らせたソイルや砂利を敷いたケースで育成する。これもできれば個別飼育がよいが、難しい場合はケースの通気

アマミシリケンイモリの卵。水草の葉やコケで一つずつくるむように産み付けられる

ふ化したてのアマミシリケンイモリの幼生。眼の下から生えるヒゲ状のものはバランサーと呼ばれ、成長の初期にだけ見られる。水中で体の平衡感覚を保つためといわれる

上陸した若い個体の飼育例。タッパーに砂利を敷いて軽く湿らせたもので、掃除がしやすく、これだけで長期間の育成が可能だ

を確保し、床材も定期的に掃除や交換を行なうようにしたい。ただし1匹が調子を崩した際に連鎖的に全滅ということもあるので、噛み合いなどで傷ついた個体は速やかに隔離することが大切だ。

【上陸後の管理】

幼体はほぼ動く餌にしか興味を示さないが、ここで人工飼料やアカムシに餌付けないと、成長しても生き餌しか食べない個体になってしまい具合が悪い。ある意味、ここが幼体飼育の最難関である。

上陸後1週間ほどのタイミングで、ふ化したてのコオロギやシルクワーム（カイコ）、ワラジムシ、トビムシ、アブラムシといった極小の虫を与えられるよう準備しておく。

同時に、アカムシやシルクワームをピンセットでつまんで眼の前で揺らし食いつかせることで、ピンセットでの給餌に慣らしていこう。ピンセットから食べるようになれば、人工飼料への餌付けも容易になる。

その他のポイント

導入した年はすんなり繁殖しても、2年3年と飼育するうちに、あまり繁殖行動を起こさなくなる傾向がある。繁殖シーズンとオフシーズンで水場の面積や水深を変えたり、普段は小分けで飼っておき繁殖期になったら複数をまとめる、といった変化を与えることで、再び繁殖を促すことができるので試してみよう。

飼育からレイアウトつくり、繁殖まで幅広い付き合い方ができるシリケンイモリ。付き合ってみると、アカハライモリとはまた違った魅力に気付くはず！

FIELD REPORT

春、奄美のイモリに出会う

アマミシリケンイモリの故郷の様子に迫る旅。
訪れたのは３月中旬の奄美大島だ。
シリケンイモリ以外にも、様々な生き物たちに出会える！

とある清流の脇を流れる小川にて水中撮影。日中は密度が低めだが、それでもかなりの数に出会えた。餌や異性を探して岸辺の茂みを出たり入ったり……

岸辺にはルドウィジアのような抽水植物が大きな群落を成しており、シリケンたちが潜むのに絶好のポイントとなっている

奄美でイモリを探す

奄美大島の生き物といえば真っ先に挙がるのはアマミノクロウサギ……あたりだろうが、本誌としては当然狙うはアマミシリケンイモリ!　である(以下シリケン)。

訪れた3月中旬は、少し遅めだがまだ繁殖シーズンに当たる時期だ。水のある場所を探せば見つけるのはそう難しくないはずと当初は考えていたが、結論からいうとそれは間違い。短い滞在期間を有効に活かすためまずは情報を集めたところ、広い奄美とはいえ、彼らが観察できるエリアはかなりピンポイントで偏在していた。まとまって生息する場所を見つけても、「ここからここまではいるが、そこから数m離れるといきなり姿が消える」のである。

人の目には同じように写る場所でも、観察して見比べるとある程度の傾向は見えてくる。さほど流れがない浅場が多く、水生植物などの遮蔽物が豊富にあり、エビなどの餌生物がたくさんいるポイントを集中的に好んでいるように見受けられた。体表に毒を持つ彼らにとって天敵はそう多くないであろうから、やはり餌が多く捕食できる場所、繁殖期ということもあり幼生が育ちやすい環境を抜け目なく見つけて集まってきているのだろう。裏をかえせば、こうしたエリアが開発なり乱獲なりで破壊されれば、その地域のシリケンにとって相当なダメージを与えるはず。アクアリストとして彼らと付き合うなら、そんな点にも気を配りたい。

(左) 茂みに網を入れてみると……、赤い斑紋が強く出た美しいメスが採れた。(左下) オレンジラインがはっきりしたオス。繁殖期のオスは尾に青白い発色が現れるのが特徴で、この個体もその名残が見られる。(右下) 今シーズン生まれの幼生。このサイズは物陰に隠れているものが多い

夜、湧き水が流れ込むとある水場を訪れる。この生息密度、シビれるねぇ

夜はイモリたちの楽園

メスの周囲を嗅ぎ回るようなアクションでメスにアピールするオス(右)。まだギリギリ繁殖シーズンということもあり、あちこちでこうした光景に出会えた

ナイトフィーバー！

フィールド観察は日中にとどめるつもりだったが（ハブ怖いし）、夜の方が観察しやすいという情報を受け、アタリを付けておいたポイントに向かってみるとそこは……シリケン天国だった！

最初に訪れたポイントは湧き水が流れ込む小さな水場。この水場は水深が10数センチと浅くフラットな地形で目立った障害物もない上、日中だと人の出入りや利用が多いそうなので、イモリが暮らすには適していないように思われた。だが実際は、水中ではそこらじゅうでシリケンが求愛をしており、水辺には大きなサワガニやガラスヒバァ（ヘビ）が動きまわっているという、生き物好きにはよだれが出るような環境である。水中にはエビも多く、イモリが狙って追い回す様子もよく見られた。

他にも数ポイントを回り、中には昼夜の違いを観察する機会も得たが、やはり夜間の方が圧倒的に活発で出現数も多いようだ。もし現地を訪れて彼らを観察する機会があれば、夜間の一味違った姿も見てほしい。もちろんハブその他には十分ご注意を……。

道路脇の小さな排水溝もこの密度！　どこに潜んでいたのだろう

ダークグリーンの発色を見せるオス。美しいが、この体色は一時的なものだという

取材時はほとんどが水中生活に入っており、陸上を移動している個体は滅多に見られなかった。発見時、イボイモリと誤認してちょっと驚く

オス同士は出会い頭に頭を振ったり体を震わせたりと、盛んに威嚇し合う

体が膨らんだようになる、いわゆる風船病と呼ばれる症状の個体。飼育下で時折見られるが、フィールドでも少数出会った

自然豊富な奄美で遊ぶ

日程的にそれほど多くのエリアを訪れられたわけではないが、それでもこれだけ様々な生き物が見られたのは、ひとえに奄美というエリアのポテンシャルゆえだろう。都心からアクセスがよいのに加え、過度に観光地化されていないため自然観察に適した場所が多く残されており、生き物好きが訪れるにはまさにうってつけだ。とはいえ、野外にはハブなどの危険もあるし、国や市町村によって採集や捕獲が禁止されている種も多い(天然記念物だけとは限らない)。フィールド観察に出掛ける際には、くれぐれも事前の情報収集はおこたりなく。現地では自然を案内してくれるフィールドガイドも多いので、そうした方に相談してみてもよいだろう。

様々な抽水植物が茂る休耕田では、植物の合間にポツリポツリとシリケンの姿が見られた。以前はもっとたくさんいたそうだが……

自然公園内のため池にて。求愛行動をする雌雄

とある池で見かけた光景。以前は見られなかったというホテイアオイが大量に繁茂していた。シリケンにはよい隠れ家になっているようで複雑な気分

先の休耕田の脇には、サラサラと澄んだ水の流れる小河川が。網を入れてみると、ハゼ類をメインに様々な魚種が姿を見せた。100m先は海というポイントなので、おそらく潮の影響もかなり受けるはず。休耕田から流れてきたのか、まれにシリケンの姿もあった

シリケンイモリのいた池で見たアマミアオガエルの卵塊。落水したオタマジャクシはイモリにとってよい餌になるのだろう

水辺で見かけたリュウキュウアカガエル。イモリのいるところにカエルあり。そのオタマジャクシは拒食したイモリの特効薬になるほどの好物だとか

抽水植物の中をガサったらいきなり入ってきたオオウナギ。現地の方によると、河口に近い場所にはもっとたくさんいるとか

立派なサイズのチチブモドキ。タメトモハゼ（採捕禁止種）が入ったのか思いちょっと焦ってしまった

ヒナハゼも少数が採れた。

海が近いためか、オオクチユゴイの幼魚はかなり魚影が濃い

山中で見た小さな滝の周辺にはシダやコケが茂り、パルダリウム制作の参考になりそうな良い雰囲気

濡れた岩肌に群生していたホウオウゴケ

イモリウムでよく使われるホソバオキナゴケだが、わりと乾燥したエリアに生えていた。それだけ適応力が高いのだろう

海外の有尾類図鑑

海外にも多くの有尾類が分布しており、一部はペットとして流通している。
国産のものとはひと味違った体色や姿を持ち、その多彩さに惹かれる愛好家も多い。
国内で流通のある種を中心に紹介していこう

オビタイガーサラマンダー

海外の有尾類とは？

有尾類は合わせて300種以上が知られ、基本的には北半球の温帯から寒帯にかけて分布する。ただ、モールサラマンダーの仲間は中南米のジャングルの樹上で暮らすことが知られており、なかなか興味深い。この仲間は稀に流通があるが、繊細で飼育が難しいことでも有名だ。

姿や生態も多種多様。普段は陸上で暮らし繁殖期のみ水に入るもの（ファイヤサラマンダーなど）、水中生活がメインで時折陸でも活動するもの（アルプスイモリなど）、ほぼ水中生のもの（サイレンなど）など、生態はバラエティに富む。繁殖方法についても、卵を産むものと直接仔を産む卵胎生のものに分かれる。当然、飼育の際にもそれぞれに見合った環境を用意する必要があるため、まずはしっかりと下調べが重要だ。

原色をまとった派手な種が多い傾向にあり、一部の種は繁殖期に背ビレを思わせる大きな突起（クレスト）を発達させるなど、エキゾチックさを感じさせる容貌も愛好家を引きつける理由だろう。

外国産の有尾類は古くから流通するが、近年はサイテス（ワシントン条約）や現地での保護対象とされるなど、野生個体は流通が減りつつある。反面、国内外でブリードされた個体は増えており、そうした有尾類は爬虫類・両生類に強いペットショップや専門店、展示即売イベントなどで入手できる。ぜひ自らの目で見て、気に入るものを見つけてほしい。

マダライモリ

Triturus marmoratu

分布／フランス、スペイン、ポルトガル
全長／12～15cm　タイプ／陸生

グリーンの派手な体色を持ち、サイズも小さいので、植物を多く植えた“イモリウム”で楽しむのにも向いている。繁殖期以外は陸生傾向が強いため、陸地と水場を設けたアクアテラリウム、あるいは水容器をセットしたテラリウム状の環境で飼育するのが一般的。成体は冬から春先にかけて繁殖期を迎える。繁殖期は水中生活に移り、オスはエッジの丸いクレストを発達させる。アカムシなどの生き餌から爬虫類用の人工飼料までよく食べ、餌付けで苦労することは少ない。幼体は毎日たっぷり与えて成長を促し、成体になれば数日に一度程度でよい。

陸上形態の若い個体。繁殖期以外は陸上を好む傾向がある。水中形態に比べ、体表がなめらか

繁殖形態のオスは水生傾向が強まり、背中から尾にかけてヒダ状の帆（クレスト）が発達する。大型肉食恐竜、スピノサウルスを思わせる大迫力！

繁殖期のメス。オスほどではないが、尾が幅広く変化する

マダライモリのノーマルとアルビノを交配したところ、黒みの強い体色に。背中のオレンジラインが途切れ途切れになるのがオスの特徴（ノーマルも同様）

メスは背中のオレンジラインが途切れない

カージスマダライモリ

Triturus pygmaeus

分布／イベリア半島
全長／10cm前後　タイプ／陸生

チビマダライモリとも呼ばれる、マダライモリの近縁種（以前は亜種とされていたが、後に独立種となった）。マダライモリより体側の黒斑が細かいなどの違いがあり、サイズもより小さめ。美しい種類だが、流通量は圧倒的に少ない。

ホクオウクシイモリ

Triturus cristatus

分布／ヨーロッパ中北部～ロシア西部
全長／13～16cm前後　タイプ／水生

別名キタクシイモリ。オスは、繁殖期になると背中にヒレ状の突起（クレスト）が盛り上がり、別種のような姿になる。繁殖期以外は陸上生活もするが、1年を通して水場を多くした環境で飼育できる。

サメハダイモリ

Taricha granulosa

分布／北米
全長／15～20cm　タイプ／水生

読んで字の如く、サメ肌状のザラザラした体表が特徴。野生個体は体表に強い毒を持ち、その強さはヤドクガエルをしのぐといわれる。流通するブリード個体はほとんど無害とされるが、念のため扱いには注意しよう。写真は交接中のペアで、オス（上）はメスをガッチリとホールドして、精子の入ったカプセルをメスに送り込む。

繁殖期のオスの手足や尾は、メスをしっかり掴まえるために肥大化する。その姿がぬいぐるみのようでかわいいと、一部で人気だとか

サメハダイモリのメス。本種は有尾類としては珍しく、メスの方が小さい

クロカタスツエイモリ

Neurergus crocatus

分布／中東
全長／20cm前後　タイプ／陸生

黄色いスポットが全身に入る、美しくもかわいらしいイモリ。ツエイモリは中東に5種ほどが知られ、中でも本種は比較的大型で、流通量も多い。高温が苦手な種類なので、有尾類の飼育に慣れてから挑戦するのがおすすめ。陸生傾向があるが、小さめの陸地を設けたアクアテラリウムで飼うと管理しやすい。

水辺に遊ぶクロカタスツエイモリ。繁殖期をのぞけば陸生傾向が強い

生後1年半ほどの幼体。この時期はまだ陸生傾向が強い。大きなスポットが愛らしい

ストラウヒツエイモリ

Neurergus straichii

分布／トルコ
全長／17cm　タイプ／陸生

生後数カ月の幼体。やはりスポットがかなり細かめ

スポット模様がクロカタスより小柄で、やや赤みを帯びる傾向がある。クロカタスに次いでよく見られるが、こちらはグッと流通が少なくマイナーだ。写真はオスで、尾に婚姻色が現れつつある。ツエイモリの仲間は水陸問わず活動するので、幅広い環境で飼育できる。とはいえ、水場をメインとして小さな陸地を設けたレイアウトの方が給餌や掃除、メンテナンスが行ないやすく、管理は格段に容易になる。

アルプスイモリ

Mesotriton alpestris

分布／ヨーロッパ中部
全長／10cm　タイプ／陸生

流通する有尾類としては、かなり小さな部類。飼育・繁殖ともに容易で、流通量も多い。繁殖期以外は陸上生活をすることが多いが、飼育下では小さな陸地さえあれば問題ないようだ。繁殖期のオス（写真）は体の青みが増し、非常に美しくなる。

ミナミイボイモリ

Tylotriton shanjin

分布／中国雲南省
全長／12～17cm　タイプ／陸生

イボイモリの仲間としては古くから流通のある種類。黒褐色の地色をもち、頭、背中、尾、手足が明るいオレンジに染まった姿は美しくも毒々しさを感じさせる。黒くつぶらな瞳も愛らしく、高い人気を誇る。かつては右ページの*T.verrucosus*と同種扱いだったが、オレンジの強い一部の個体群が別種として独立した。ミナミイボイモリ属（*Tylototriton*）は20種ほどが知られ、中国からタイ、ベトナムなどの高地に分布する。ほぼ陸生で、夜間に活動して昆虫や小動物を捕食し、繁殖期のみ水に入るという生活様式を持つ。

ミナミイボイモリの体色は強烈だが、林床では案外と目立ちにくいのかもしれない

アメイロイボイモリ

Tylototriton verrucosus

分布／中国雲南省、タイ、インドなど
全長／12～20cm　タイプ／陸生

ミナミイボイモリに比べ体色が淡く、黄色みがかった飴色になるのが名前の由来。また、ミナミイボイモリより大型化するなどの違いもある。ベルコーサスイボイモリ、モトイボイモリなどの名でも呼ばれる。現在、ミナミイボイモリ属（*Tylototriton*）は全種がCITESの付属書Ⅱ類に分類されており、ワイルド個体の輸入はほぼないが、ミナミとアメイロは国内外で盛んにブリードされ、両爬に強いショップやオークションなどでコンスタントに流通している。ちなみに、日本の南西諸島に生息する天然記念物のイボイモリ（*Echinotriton andersoni*）とは別属だ。

体表の小さな突起が名前の由来

ヤンイボイモリ

Tylototriton yangi

分布／中国雲南省
全長／20cm　タイプ／陸生

オレンジと黒のコントラストが美しい種。イモイモリは数種が知られるが、"イボイボ感"という面では本種がナンバーワン！　体も大きく、トリム系プレコに通じる迫力がある。やや乾燥した環境を好む。かつてはコイチョウイボイモリの一タイプとされていたが、後に独立種となった。

レッサーサイレン

Siren intermedia

分布／北アメリカ東部、メキシコ北部
全長／20～60cm　タイプ／水生

ウナギのような姿をした完全水生の有尾類。後肢はなく、前肢だけがある。より小型のドワーフサイレン（*Pseudobranchus striatus*）や大型のグレーターサイレン（*Siren lacertina*）も知られ、いずれもアクアリウムで飼育可能。丈夫だが、脱走には注意しよう。写真はセイブレッサーサイレン（*S. i. nettingi*）。

フトイモリ

Pachytriton brevipes

分布／中国
全長／ 20cm 前後　タイプ／水生

中国の渓流部などに分布。フラットな頭部やパドルのような尾は、そうした環境に適応したためだろう。ほぼ完全な水中生活者で、アクアリウムで飼育できる。高水温に気を配れば飼いやすく、ビギナーにもおすすめ！　ただ気性が荒い面があるので、ケンカに注意。

ラオスコブイモリ

Laotriton laoensis

分布／ラオス
全長／ 15 ～ 20cm　タイプ／水生

ゴツゴツした体表と派手な黄色い模様はカッコ良さ満点。幼体時をのぞいて完全な水生種なので、魚に近い感覚で飼育できる。ちなみにコブイモリ属（*Paramesotriton*）は全種サイテスⅡ種に挙げられたが、本種のみは別属に移されているため問題なく入手可能。

イベリアトゲイモリ

Pleurodeles waltl

分布／イベリア半島
全長／ 20cm 前後　タイプ／水生

有尾類でも一、二を争う強健種で、ほぼ水中生活を送る。敵に掴まれると体側（オレンジ色のイボの部分）から肋骨を飛び出させて反撃する荒技も有名だ。ただ、飼育下でその行動を見せることは少ない。アクアリウムで飼育でき、ペアがいればどんどん殖えるほど繁殖力も強い。

トルコスジイモリ

Ommatotriton ophryticus

分布／黒海周辺
全長／ 15cm 前後　タイプ／陸生

繁殖期は水中化し、非常に見事なクレストを発達させるが、再上陸に失敗して死ぬことが多いため、通年陸上で育てた方が無難。かなり乾いた環境を好むので、赤玉土などを敷いた乾燥系トカゲを飼うようなケージで飼うとよい。写真はオスで、クレストが発達する兆候が出ている。

マダラファイアサラマンダー

Salamandra salamandra salamandra

分布／ヨーロッパ
全長／ 20cm 前後　タイプ／陸生

ファイアサラマンダーはイギリスを除くヨーロッパに広く分布する陸生の有尾類。生息地の広さゆえか、亜種の数は 10 を超える。体表に毒を有しており、時にそれを敵に噴射することが名前（Fire ／発射）の由来である。基亜種のマダラファイアサラマンダーは流通量が多く、単にファイアサラマンダーの名で販売されることもある。全身に楕円形といっかへの字型の黄斑が不規則に入るが、産地によってはスポット状になるものも見られる。写真上はスロベニア産。

黄斑が小さめな個体。イタリア産

テレストリス ファイアサラマンダー

Salamandra salamandra terrestris

分布／フランス
全長／20cm前後　タイプ／陸生

頭部を縁取るラインと背面のストライプという、わかりやすい特徴を持つ。フランスファイアサラマンダーとも呼ばれ、比較的よく目にする亜種。産地や個体によってラインが途切れがちになるものも見られる。写真上は標準的なタイプ。多くの亜種が原産国で保護されているため、流通のメインは飼育下繁殖個体（CB）となっている。購入の際は、まず腰骨をチェック。骨が浮くほど痩せた個体は立て直しが困難だ。ついで、体表の状態も確認を。皮膚に黒い点ができていたり、脱皮不全で黒ずんで見えるような個体は避けたい。両生類は皮膚呼吸を行なうため、体表に不調があるものはすぐに弱ってしまう。

明るい朱色のラインを纏う、テレストリスのレッドタイプ。改良品種のようだが、こうした地域個体群である。こちらもやはり個体差は大きい。右下は若い個体

テレストリスの若い個体。通常より黄色の範囲が広く、こうしたタイプはハイカラーと呼ばれる

ドイツの中央部、ソリング（solling）産のテレストリス（国内ブリード個体）。この産地は様々な色彩変異が多いことで、一部の有尾類マニアにはつとに有名なエリアである

テレストリスのアルビノ個体。ラベンダー色の体に乗るイエローが非常に美しいが、流通は稀

ポルトガルファイアサラマンダー

Salamandra salamandra gallaica

分布／ポルトガル、スペイン
全長／20cm 前後　タイプ／陸生

体の各所ににじむように赤斑が現れるのが特徴。他の亜種よりずんぐりした体型や太短い尾を持つほか、吻先が尖り気味な顔立ちも独特である。ポルトガルやスペインに分布する。

クレスポファイアサラマンダー

Salamandra salamandra crespoi

分布／ポルトガル南部
全長／20～25cm　タイプ／陸生

ポルトガルと同じく吻先が尖り気味で、黄斑が体側に集まる傾向がある。個体によっては一部に赤い斑が現れることも。大型化する亜種で、全長25cmに達することもあるという。

テンディファイアサラマンダー

Salamandra salamandra alfredschmidti

分布／スペイン
全長／12cm 前後　タイプ／陸生

体が広く明るい黄色で覆われる美しい、ファイアサラマンダーの亜種。他にもゴールドやブラウンなど、様々なカラーバリエーションが知られる。最小クラスの亜種で、親と同じ姿をした幼体を生むなど、異色の存在だ。スペインのテンディ峡谷のみに生息し、入荷は少ない。写真上はメス。

テンディのオス。
メスに比べてスマートな体型

ファイアサラマンダーの亜種とされていたが、現在は独立種となっている。黄斑に混じる赤とスレンダーな体型が特徴で、5亜種が存在する(写真は *splendens* 亜種)。

アルジェリアサラマンダー

Salamandra algira　分布／北アフリカ　全長／20cm前後　タイプ／陸生

ムジハラサラマンダー

Salamandra infraimmaculata　分布／中東　全長／20～30cm　タイプ／陸生

大型化する陸生の有尾類。以前はファイアサラマンダーの亜種とされていたが、現在は独立種となっている。3亜種が知られ、写真のセメノフ亜種(*S. i. semenovi*)は全身を細かなスポットに覆われた姿が特徴的。分布が限定的なため、流通は非常に稀だ。

オビタイガーサラマンダー

Ambystoma mavortium mavortium

分布／北アメリカ
全長／20～25cm　タイプ／陸生

黒い体に黄色いラインがランダムに乗った姿はいかにも"虎"といった容貌で、タイガーサラマンダーといえば本種を連想する人も多いだろう。タイガーサラマンダー類は北米大陸に広く分布し、陸生の有尾類としては最も大きくなるグループである。いくつかの亜種が知られるが、基亜種のオビタイガーサラマンダーがコンスタントに流通する。大型で丈夫、なんでもよく食べ飼いやすいとあって、ペットのような付き合い方ができる。とぼけた表情もキュートで愛らしい。

平たい顔に飛び出た眼。緊張感のかけらもない顔立ちが味わい深い……

幼体は完全水棲。ウォータードッグの名で流通するが、本来は別種の名前である

ブロッチタイガーサラマンダー

Ambystoma mavortium melanostictum

分布／北アメリカ
全長／25cm　タイプ／陸生

オビタイガーは５つの亜種に分けられるが、基亜種以外の流通は少ない。その中で比較的見かけるのが、このブロッチだ。オリーブグリーンの体に黒い斑を散りばめた、渋い味わいのある亜種。

カリフォルニアタイガーサラマンダー

Ambystoma californiense

分布／カリフォルニア州
全長／20cm　タイプ／陸生

ふっくらとした体付きでやや小顔、クリーム色のスポットをまばらに乗せた愛らしい種類。最大でも20cm程度と、タイガーサラマンダーの中では最も小さい。現地で保護されていることもあり、ごく稀に海外のブリード個体が流通する程度と入手はかなり難しい。

トウブタイガーサラマンダー

Ambystoma tigrinum

分布／北アメリカ東部
全長／25～30cm　タイプ／陸生

黒い体に、黄色い虫食い模様を不規則に散りばめた体色を持つ。個体差も激しく、地色がオリーブグリーンのものや、模様が網目状になるものなど、様々なタイプが見られる。以前は本種を含めて6つの亜種に分けられていたが、現在は本種が独立種となっている。現在流通するタイガーの中では最もポピュラーで入手しやすい。この仲間では最も大きく、30cm 近くになることも。写真はアメリカ・イリノイ州産のブリード個体。

マーブルサラマンダー

Ambystoma opacum

分布／北アメリカ東部
全長／10cm 前後　タイプ／陸生

こちらも古くからポピュラーな有尾類。漫画のホネのような模様は、案外他の有尾では見られず、個性が際立っている。ものに潜るのを好むので、床材にミズゴケなどを敷いてやるとよいだろう。

水草の水上葉やコケで美しくレイアウトされたケージ。湿度を保つためのミスティングシステムも完備している。レイアウトの主は小型の亜種、ピレネーファイアサラマンダー（*S. s. fastuosa*）

外国産有尾類

の飼育と繁殖

外国産の有尾類は多種多様。当然その飼育・繁殖方法も様々だが、
ここでは全体に共通する基礎的な飼育方法をメインに、
個々のポイントを解説しよう

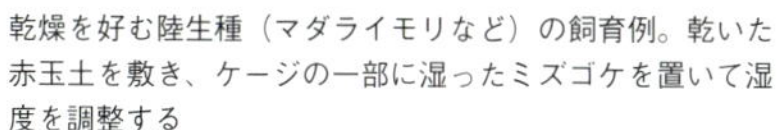

乾燥を好む陸生種（マダライモリなど）の飼育例。乾いた赤玉土を敷き、ケージの一部に湿ったミズゴケを置いて湿度を調整する

高めの湿度を好む陸生種（ファイヤーサラマンダーなど）の飼育例。底材に使っている炭化コルクはケースのサイズに合わせてカットでき、掃除が容易といったメリットがある。爬虫類専門店などで入手できる

海外の有尾類、基本の飼育法

●温度の問題をクリアしよう

有尾類は基本的に高温がとても苦手。種によって異なるが、平均して26℃以下が望ましく、23℃に抑えられればベスト。おおむね水生傾向の強い種のほうが温度にシビアで、陸生のものはケージの通気をよくすればある程度耐えられる場合もある。

春から秋にかけてはエアコンで部屋ごと冷やすのが最も安全で手っ取り早いが、飼育数が少ないのにエアコンまで使うのは抵抗のある方もいるだろう。そういった場合、電器店で手に入る小型の保冷庫がおすすめ。近ごろは1万円も出せば十分な性能のものが入手できる。ここに飼育ケースごと収めておけば、暑い時期でも安心して飼育が楽しめる。トビラがクリアな機種なら、窓越しに生体の観察も可能だ。

マダライモリ、イボイモリ、タイガーサラマンダーなどは比較的高温に強く、ケージに水槽用のファンを当てるだけで夏を乗り越えられることも多い。

地域にもよるが、4月に入ると急に暑くなることもあるので、3月末ごろから温度対策はしておきたい。

●毒があります

多くの有尾類は体表に毒を持っている。ブリード個体であればそう強い毒は持たないと思うが、念のため素手で触れるのは避け、扱った後の手洗いを心がけよう。間違っても、生体を触ったあとに目をこすったりしないこと。また、他のペットがいるなら、誤食にも気を付けたい。

●購入時の注意点

カタログページで紹介した有尾類は、爬虫両生類専門店や総合ペットショップ、一部は熱帯魚ショップで見られることもある他、各地で開催される即売イベントなどでも入手できる。

購入にあたっては、以下のような個体は避

マダライモリの飼育例。サイズが小さくさほどレイアウトも荒らさないため、コケやシダを配した“イモリウム”での飼育を楽しむ愛好家も多い

愛好家による、大型プラケース（約50×36×H30cm）を用いたマダライモリの飼育例。メンテナンスのしやすさを優先しており、通年この環境で飼育している。繁殖期以外は水草は用いず、植木鉢などで小さな陸地を設けている

けた方が無難だ。ショップスタッフとも相談して、健康な個体を迎えたい。

・尾の付け根の腰骨が浮き出るほどやせている。

・皮膚病の個体。体表、特に手足の皮膚がヤケドをしたようにただれているものは立て直しが難しい。

●水の多いケージに導入するときは

傾向として、有尾類は陸上より水中で飼った方が世話がしやすくトラブルも少ない。自然下では陸上生活が多い種でも水中に適応するものは多いので、特にビギナーほど、アクアテラのような環境で飼うことをオススメしたい。ただし、陸上でストックされていた個体をいきなり水場の多いケージに放すと、適応できず溺れたりすることがあるから注意が必要だ。

まず霧吹きでたっぷり水をかけてやり、これを繰り返すうちに、だんだんと体表にヌメヌメ感が出てきて水中に適応した体になっていく。これを確認したら、水深を浅くし、水草などで足場を十分に設けたケージに移そう。あとは様子を見ながら、水位を上げていくとよい。

●複数飼育について

一部の種を除いて、複数の個体を同居させても問題なく飼育できる。ただし、多頭飼育していると体の小さなオスから順に調子を崩すことがあるので、そうした場合は速やかに隔離して単独飼育に戻そう（有尾類はメスよりオスの方が小さい種が多い）。

なお、ファイアサラマンダーは多頭飼育すると、まとめて調子を崩すことが多いので単独飼育が基本。おそらくコンディションの悪い個体が毒を出し、それが他の個体まで弱らせてしまうのだろう。

●半水生種の飼育ポイント

水生傾向の強い種類は、フタのできる水

ミナミイボイモリが暮らしていそうな環境に思いを馳せ、細かな枝流木やコケ、ツル植物で雰囲気たっぷりに。なおかつ、隠れ家は健康状態が把握しやすい場所に２ヵ所設け、手前には体が浸かる程度の浅い水場で湿度を管理するなど、健康面にも留意してレイアウトされている

槽やプラケースで飼育する。ろ過と底砂は欠かせない。投げ込み式などの簡易なものでよいので、フィルターはなるべく設置しよう。フィルターが稼働していれば、数ヵ月に一度の掃除と減った分の足し水でも維持できる。

もう一つ、底砂もポイント。ベアタンクだと足のとっかかりがないためか徐々に足腰が弱り、移動に障害がでる場合もあるからだ。大磯砂に投げ込み式を埋め込むように設置すれば、ろ過の補助にもなる。

陸地については、フトイモリやイベリアトゲイモリ、ウーパールーパーなどの水生種を除き、上陸用の陸地が必要になる。簡単なのはカメ用の浮島を入れることで、もう少しレイアウトにこだわるなら、流木や石を組んでアクアテラリウム風にしてもよいだろう。

●陸生種の飼育ポイント

プラケースなどの容器に、ミズゴケや炭化コルク、赤玉土などを敷いた環境で飼育する。乾燥を好む種類は赤玉土、高めの湿度を好むものにはミズゴケと、種類によって床材を使い分けるとよい。流木や市販のシェルターなど、隠れる場所も設置してやろう。

●水入れも忘れず！

体が漬かるくらいの水入れを設置する。水飲み場というより、湿度維持や乾きすぎた際の避難場所、産卵、水中生活に移りたがっているかの見極めなどに必要となる。

●床材は清潔に

床材はフンなどで汚れてくるので、時折丸洗いや交換をする。特にファイヤーサラマンダーは汚れに弱いので、週に1回くらいのペースで床材の丸洗いをするとよい。本種やヨーロッパ産の種類は日本に存在する真菌類に弱いのか、汚れた環境だと調子を崩しやすいので注意したい。

●給餌

陸生種の場合、イエコオロギ（入手性がよ

ツエイモリの飼育例。陸地から水場まで活動エリアを選ばないので、植物で彩りを添え、水場を広めに取ったビバリウムで飼うのも面白い

狭い場所に潜り込みたがる。そのまま挟まって動けなくなるといった事故には気を配ろう

い)、ハニーワームやワラジムシ（嗜好性が高い）といった生き餌を好むが、人工飼料（レプトミンなど）に餌付くと管理が楽になる。ハニーワームなどと人工飼料をピンセットで一緒につまみ、どさくさで食いつかせていればおいおい餌付くはず。ちょっとテクニックがいるが、食いつく直前でハニーワームだけ取り除ければベター。

ピンセットでの給餌に慣らすと人工飼料への餌付けもスムーズ

水生種なら、たいていの種が冷凍アカムシに餌付く。人工飼料もすぐ口にするので、餌付けで困ることは少ないだろう。

成体なら週に2回ぐらいのペースで給餌する。若い個体なら週に2〜3回、餌に反応しなくなるまで与えよう。

●調子を崩したら……

陸生タイプが皮膚病を発症した場合、生体はキッチンペーパーを敷いただけの、なるべく乾燥したケースに隔離する。患部にテラマイシン軟膏を綿棒などでごく少量、元の薬品の色がわからないぐらい塗ってよく引き延ばして様子を見よう。使っていた床材やアクセサリーは処分し、ケージもよく洗浄する。これで治るかは五分五分なので、普段から

マダライモリの卵と成長

卵は水草の葉で１つずつくるむように産み付けられる

ふ化したての幼生。お腹に大きなヨークサックを持っている

ふ化から２週間ほど。前足が発達している

ふ化から約１ヵ月半。後ろ足も生え、体のマダラ模様が目立つようになってきた

清潔を保ち、調子の悪いものは早期発見に努めたい。

マダライモリの繁殖

マダライモリの成体は冬から春先にかけて繁殖期を迎える。なめらかな体表がデコボコしてきたら水中形態への移行が始まっているサインなので、水場を広く取った環境に移そう。ただし、普段陸生のものをいきなり水位のあるケースに移すと溺れることがあるので、様子を見ながら慎重に移行しよう。

繁殖期のオスは背中にクレストを発達させ、盛んにメスへアピールする。アナカリスなどを入れておくと、メスが１つずつくるむようにして卵を産み付ける。産卵は少量ずつ長期間続き、多ければトータルで数百以上産むこともある。

ふ化した幼生にはブラインシュリンプやイトメを給餌する。餌が不足するとかじり合いを始めるので、なるべく普段からイトメなどを入れておき、満腹にしておきたい。多少のケガなら再生するが、過度にかじられた個体は成長しても後に死亡することが多いので要注意。後ろ足が生えてきたら、ケースにスロープを設けるなどして上陸ができるようにしておこう。

イボイモリの繁殖

セッティング

春から夏にかけて水温が上がってくると繁殖シーズンを迎える。この時期に、水場と陸地を半々程度にした環境に切り替えると産卵

アメイロイボイモリの繁殖 （写真提供／オカユさん）

卵はアナカリスなどの葉に数十個が産み付けられる

発生が進んだ卵。内部に幼生の姿が見える

ふ化した幼生。イトメなどの生き餌を好んで食べる

幼生は小型ケースに小分けして育成。成長につれて密度を下げていく

大きく育った幼生。外鰓が目立たなくなったら上陸が近い印だ

上陸した幼体。上陸後はほぼ水に入らないので、陸地メインのレイアウトで育てる

を狙うことができる。水場は、最初は2～3㌢ほどと浅めに取り、完全に水中に入るようになったら徐々に深くしていこう。普段からアクアテラリウムで飼っている場合は、そのまま産卵に至ることも多い。

やがて水草の葉や水際のコケなどに数十個ほどの卵を産み付けるので、卵を別容器に移す。容器の水は発生する油膜やゴミなどをまめに取り除き、減った分は足し水をしながら管理しよう。環境にもよるが、水温25℃なら10日ほどでふ化が始まる。

幼生の世話

幼生にはこまめに冷凍アカムシや生きたイトメを与える。冷凍アカムシはそのままでは食べないので、ピンセットでつまんで揺らし食欲を刺激しよう。幼生の数が多いとこのやり方はかなり手間がかかるが、その点、生きたイトメであれば幼生が食べたい時に食べることができ、食べ残してもすぐには水が汚れないので使いやすい。最近はやや入手しにくいイトメだが、繁殖まで考えるとぜひ用意したい餌だ。

が小さくなってきたら上陸が近いので、這い上がりやすいようスロープを多めに付けてやろう。上陸のタイミングは環境や個体によってバラバラなので、外鰓のサイズ変化を見逃さないようにしたい。

ファイアサラマンダーの繁殖

ファイアサラマンダーは基本的に卵胎生で、メスが幼生を水中に産むが、変態の終わった

飼育数が多い場合は、市販のガラス戸式冷蔵庫を用いると管理の手間が抑えられる。写真の使用例では、逆サーモに接続し20℃前後に維持されている

幼体を出産する亜種も一部にいる（テンディなど）。飼育に慣れたら、繁殖にも挑戦してみよう。

親のチョイス

メスは全体的にふっくらとしており、オスはメスに対してスレンダーで、繁殖期には総排泄孔がぷっくりと膨らむ。繁殖には体格がしっかりした個体を選び、かけ合わせるまで十分に給餌する。ペアリング時にオスの反応が良くなるので、普段は個別に飼育しておこう。

かけ合わせ

繁殖期は春から初夏にかけて。繁殖用ケージは普段と同じままでよい。ここにペアを導入する。数はオス2メス1がベターだが、1匹ずつでも十分だ。湿度が高いと交配しやすいので、霧吹きなどでケージ内をたっぷり湿らせてやろう。うまくいくと、オスがメスを抱きかかえるようにして、精包(精子の詰まったカプセル)をメスに渡し受精が行なわれる。

受精したメスはやがてお腹が大きくなり、亜種によって異なるが、半年〜10ヵ月もすると水場に数十匹の幼生を産み落とす。

幼生の育て方

上陸するまでプリンカップなどの小容器で個別に管理すると安定して育てられるが、大きめのプラケースなどでまとめて飼うこともできる（要エアレーション）。餌はイトメや冷凍アカムシを与えよう。

2ヵ月もすると外鰓がなくなり、水面に浮かび始めるので、上陸できる場所を用意する。

幼体のケージはプラケースにキッチンペーパーを敷き、一部にミズゴケで湿った場所を設置する。上陸から1週間もすると餌を食べ出すので、羽化したてのコオロギなどを給餌する。生きたイトメを少量目の前に置いても食べる。

Let's make
an Imorium

イモリウムを作ろう

緑が茂るレイアウトでイモリを遊ばせる。
そんな飼い方ができれば、彼らとの付き合いがより楽しくなるだろう。
そのためのポイントをご紹介

シリケンイモリが住むイモリウム

オキナワシリケンイモリを複数収容したイモリウム。わりと活発に動くイモリで、立体的なレイアウトに遊ぶ様子が観察できて楽しい。

DATA

【水槽】36 × 20 × 20cm（ショップオリジナル）
【照明】LED ライト（アクアスカイ RGB 60 ／ ADA）
9 時間／日　※他の水槽と共用
【底床】赤玉土、軽石（ポンプの周囲）
【ろ過】アクアテラメーカー（GEX）を底床に埋めて底面ろ過
【造形材】極床 植えれる君（ピクタ）
【温度】26℃　【管理】足し水のみ
【飼育種】オキナワシリケンイモリ（3）
【植物】①シノブゴケ　②ホソバオキナゴケ　③コツボゴケ　④フィットニア　⑤クリプタンサス‘ピンクスターライト’　⑥ミクロソルム・ディベルシフォリウム　⑦タマシダ‘ダッフィー’

イモリウムとは？

ケージ内に植物やコケを配し、レイアウトを立体的な構造にすることで、より生態を重視したスタイルが、“イモリウム”と呼ばれている。緑が豊かで美しく、植物による浄化作用も期待でき、イモリも野性味のある動きを見せてくれるなど、良いことづくめの飼い方にも思える。

が、単に植物を植えただけでは成り立たない点には注意が必要だ。たとえば、レイアウトが複雑になることで掃除の手が回らず、かえってイモリが調子を崩す恐れも出てくる。あくまで主役はイモリであると考え、設備や環境を整えなければ本末転倒に終わってしまうだろう。

まずは基本的な飼育方法に慣れてから挑戦することをおすすめしたい。しっかりとしたイモリウムが立ち上がれば、彼らとの付き合いはより楽しいものとなるのはうけあいだ。

小型イモリウムのセッティング

レイアウト制作／丸山卓也（グリーンアクアリウムマルヤマ）

【用意した素材】

①コルクバーク（チューブ状）
②溶岩石
その他、ブキメラリーフ

①極床 植えれる君（ピクタ）
②アクアテラメーカー（GEX）
③アクアテラリキッド（GEX）
④パワーハウス ベーシック ソフトタイプ Mサイズ（太平洋セメントPHプロダクト）
⑤アルミ製の針金　その他、ソイル

【用意した植物】

①シノブゴケ
②ホソバオキナゴケ
③タマシダ・'ダッフィー'
④フィットニア・'ジャングルフレーム'
⑤フィットニア・'レッドフレーム'

このイモリウム制作のポイントは水中ポンプの扱いにある。底床に多くの盛り土をすること、また水位を低く設定することから、ほとんど盛り土にポンプが埋まってしまうのだ。しかし、盛り土に使うソイルなどの粉塵がポンプ内に入り込めばトラブルの元。そこで、水中ポンプの周りを別の素材でガードする。今回は生物ろ過を重視するためにろ材を用いたが、心配な方は鉢底ネットなどでポンプを囲ってもいい。

これまで制作者は同様のレイアウトを数多く作っており、中には1年近く維持しているものもあるが、ポンプのトラブルはないという。リセットについては植えれる君を水槽に接着しないため、比較的容易にバラすことができるそうだ。

撮影では前扉を外しているが、それを閉めれば密閉度が高くなることもあり、このセット方法で多くのコケはうまく育つという。イモリは種によって、または状態によって水への依存度が異なるが、あまり水が必要のない個体を飼う際には、ポンプを用いずに（水を循環させずに）霧吹きによってコケほか植物とイモリへの給水を行なう。また、アクアテラリキッドは、カビが生えてからではなく生える前に散布することでカビが防止できるという。

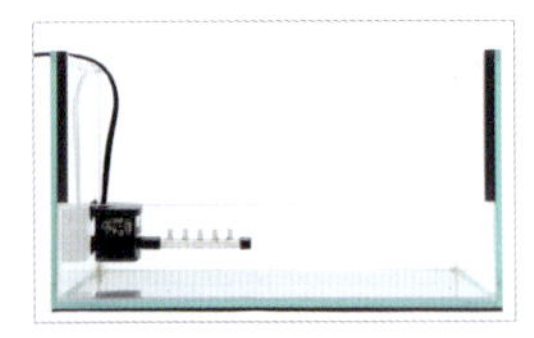

01 水槽にアクアテラメーカーのポンプをセット

02 ポンプのまわりにろ材（パワーハウス）を置く。これはポンプの目詰まりを防ぐ役割もある

03 パワーハウスのまわりをソイルで囲う。これを繰り返して盛り土していく

04 カットした植えれる君をセット。特に接着はせず水槽にはめ込むことなどで固定する

05 植えれる君を背面いっぱいに。不安定なところは小さくカットした植えれる君や溶岩石を土台とした

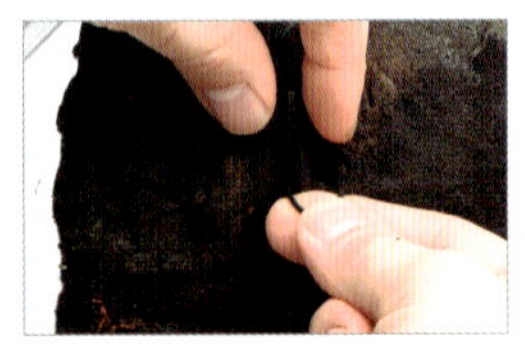

06 アクアテラメーカーからのチューブをＵ字型に加工した針金で植えれる君に固定

07 アクアテラメーカーからの分岐は５つあるが、ここでは３つ使うことにした（2つの分岐口は塞いだ）

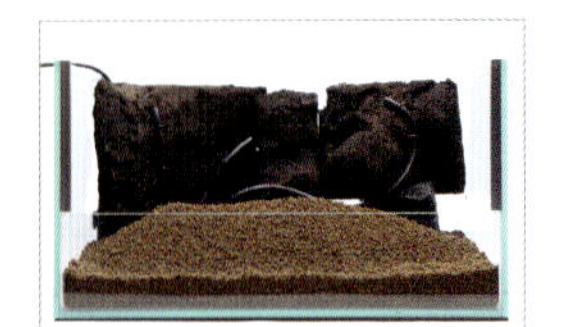

08 さらにソイルを盛る。ほとんどポンプが隠れるくらい

09 用意したコルクにカビ防止剤（アクアテラリキッド）を散布する。外側も内側も満遍なく

10 コルクをどんと置く。安定するように下には小石をかませている。これだけでもいい雰囲気

11 背面の植えれる君にシノブゴケを配置。シート状のコケをＵ字状の針金で固定していく

12 シノブゴケを貼り終えたところ

13 コルクバークと背面のあいだ辺りにタマシダやフィットニアを配置。ポットから出した用土ごと置いていく

14 コルクバークの上に水でといた造形君をのせる

15 造形君の上にシート状のホソバオキナゴケを置く

16 ベタやアロワナの飼育で使われる枯れ葉（ブキメラリーフ）を細かくちぎる

17 前面に枯れ葉をまく。自然感がグッと増した

18 枯れ葉にもカビ防止剤を満遍なく散布する

19

水を入れる。今回は水たまりができない、ソイルが浸る程度の水位とする

ポンプに電源を入れてスタート。コケに隠れて水槽正面から出水は確認できないが、背面の造形君全体に水が回っていることを確認した。ここにはオキナワシリケンイモリに住んでもらうことにした

マダライモリが住むイモリウム

山並みなどの遠くの風景を再現するレイアウトもあるが、こちらのスケール感は現実に近い。枯れ枝をパキパキと踏み進むような水辺がそのモチーフだ。住まうのは緑色のマダライモリだが、緑が多すぎると隠蔽となるのであえて底床を露出させ、枯れ葉を撒くなどの工夫をしている。セット後２～３ヵ月。

DATA

【水槽】36 × 20 × 20cm（ショップオリジナル）【照明】LED ライト（アクアスカイ RGB 60 ／ ADA ）※他の水槽と共用　9時間／日　【底床】赤玉土、軽石（ポンプの周囲）【造形材】植えれる君、造形君（ともにピクタ）【ろ過】アクアテラメーカー（GEX）を底床に埋めて底面ろ過　【温度】22 ～ 23℃　【管理】適宜霧吹き　【飼育種】マダライモリ(2)　【植物】①アラハシラガゴケ、②シノブゴケ、③タマシダ・'ダッフィー'、④ヒューテフ、⑤オキナワヒメイタビ

アメイロイボイモリが住むイモリウム

手前から背面に向けて階段状に陸地をつくったレイアウト。多くの植物を植えて賑やかな風景を作っている。アメイロイボイモリはわりと水中を好むので水深を深めに取ったのもポイント。セット後２～３ヵ月。

DATA

【水槽】36 × 20 × 20cm（ショップオリジナル）【照明】LED ライト（アクアスカイ RGB 60 ／ ADA）※他の水槽と共用　9 時間／日　【底床】赤玉土、軽石（ポンプの周囲）【造形材】植えれる君、造形君（ともにピクタ）【ろ過】アクアテラメーカー（GEX）を底床に埋めて底面ろ過　【温度】22 ～ 23℃　【管理】適宜霧吹き　【飼育種】アメイロイボイモリ（2）【植物】①アラハシラガゴケ、②シノブゴケ、③ムチゴケ、④タマシダ・'ダッフィー'、⑤ヒューテラ、⑥オキナワヒメイタビ　⑦ヒメイタビ（屋久島産）、⑧ヘディテラ・レペンス、⑨タバリア、⑩クリプタンサス・ビッタータス・'レッド'

ファイアサラマンダーが住むイモリウム

繁殖期以外はあまり水に入らないファイアサラマンダーのために、水位を低く設定したイモリウム。そのため、この見開きの他のレイアウトとは異なり、水中ポンプを設置していない。ファイアサラマンダーはわりと活発に動き回るためコケの一部がすれてはいるが、それも味わい。セット後２～３ヵ月。

DATA

【水槽】36 × 20 × 20cm（ショップオリジナル）【照明】LED ライト（アクアスカイ RGB 60 ／ ADA ）※他の　水槽と共用　9時間／日　【底床】赤玉土　【造形材】造形君（ピクタ）【ろ過】なし　【温度】25℃　【管理】適宜霧吹き　【飼育種】フランスファイヤサラマンダ　（1）【植物】①アラハシラガゴケ，②ペリオニア・レペンス、③イイエノデンダ、④オオサナダゴケモドキ、⑤ヒメカナワラビ、⑥ベゴニア・リスマトカルラ、⑦ヒメイタビ

ツエイモリが住むイモリウム

陸生傾向が強いツエイモリに合わせて作られたイモリウム。底床を湿らす程度の水量とし、循環ポンプを入れていない。とはいえ、こちらもしっかりと植物を育てることで、同様に環境の維持を図っている。イモリの飼育を考えられているため、隠れ家となるシェルターを設けたり、細かい隙間を塞いだりする配慮が必要だ（隙間にはまったイモリが死ぬことがあるため）。収容したのは、水玉模様の美麗種クロカタスツエイモリ。ややシャイな種でシェルターの中にいることが多い。散らした落ち葉の雰囲気がいいクロカタスツエイモリのためのレイアウト。冷涼な環境を好むので夏はエアコンなどで温度管理するとよい。

DATA

【水槽】36 × 20 × 20cm（ショップオリジナル）
【照明】LED ライト（アクアスカイ RGB 60 ／ ADA） 9時間／日　※他の水槽と共用
【底床】赤玉土、軽石（ポンプの周囲）
【造形材】極床 植えれる君（ピクタ）
【温度】22 ～ 23℃ 【管理】適宜霧吹き
【飼育種】クロカタスツエイモリ（2）
【植物】①ホソバオキナゴケ、②コケモモイタビなど、③シダの一種、④クリプタンサス・ビッタータス・'レッド'、⑤フィカス・プミラ・'ミニマ'、⑥タマシダ・'ダッフィー'、⑦フィットニア、⑧シノブゴケ

水槽はショップのオリジナルで前面トビラを持ち上げて開閉する。違いは前面ガラスの高さ（前の見開きは水を張れるよう高い位置まで前面ガラスがある）

イモリウムの舞台裏

イモリウム「やんばるの森」制作工程

写真・文／トモ@イモリウム

「やんばるの森」と名付けられたイモリウムの中で、滝壺をそっと覗き込むアマミシリケンイモリの色彩変異個体。立体感のあるレイアウトの中でこそ生まれるワンシーンだ

1. 構想

初期案として、両サイドに滝と滴る水、中央に川のギミックを入れることで、全体に動きを魅せていくことにした

2. 滝の骨組みの制作

滝の頂上に外部式フィルターの排水パイプを差し込み、オーバーフロー式で水が流れる仕組み。パイプはそのまま抜いてメンテナンスが可能な構造に。土台はスタイロフォームで造形

3. 川の土台の制作

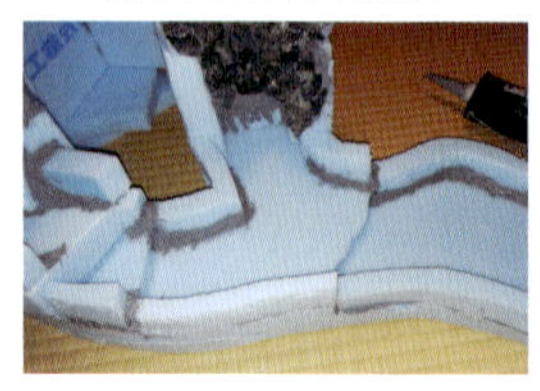

川はイモリが水中で寝る際に増水させてしまうので、この段階からしっかりと縁に高さを出して水が流出しないように意識する。部材は防カビ剤無添加のシリコンシーラントで接着している

4. 川底の造形

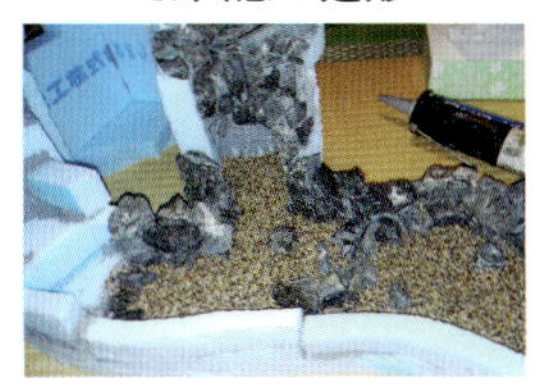

川は直線で制作すると人工感が出てしまうため、曲線を意識しながら造形。砂利と一緒に石もまばらに接着して、自然感を強めていく

5. バランスの確認

滝と川を繋げ、ケージ内に配置して全体のバランスに違和感がないか確認する。石を指で触れながらイモリが怪我をしそうな部分は削って丸める

Point 1
吸水口の構造

吸水口に取り付けた鉢底ネットとスポンジは、掃除ができるよう取り外し可能にしてある。吸水パイプも滝同様に柱から抜き出してメンテナンスできる

6. 壁面陸地の設置

ケージの高さを生かすため、壁面にイモリが活動できる陸地を設置する。シリケンイモリは陸棲傾向が強く、立体活動も積極的に行なう

Point 2
植栽のために

壁面陸地の内部には下から順に鉢底ネット〜軽石〜ソイルを仕込める構造にし、これによって通水性を高めシダの根腐れを防止する

7. 右壁の配管

シャワーパイプを排水孔が斜め上向きになるように設置。パイプの下はエピウェブのみ、上はエピウェブ+ハイグロロンを接着。これにより、上方は水に弱いシダも植栽可能になる

8. 人工流木の設置

エピウェブ内にビニール巻きのワイヤーを仕込んだ枝流木を造形し、シャワーパイプの下に接着。水を誘導するため、枝の上面には細く切ったハイグロロンも接着する

9. オアシスを貼る

造形材の保湿のため、底面〜頂上にかけて壁面にオアシスを接着。あえて縦線の間をあけることで、オアシスの上から被せる造形材（造形君）が剥がれにくくなる

10. 底床（軽石）を敷く

底面には、水と陸地を完全に分離させるために、排水性の高い軽石を全体に敷き詰める。植物の根腐れを防止できる

11. 底床（ウール）を敷く

軽石層の上に、薄く裂いたウールマットを敷く。このさらに上に敷くソイルが、軽石層に混じるのを防ぐための措置（ソイルが混じると排水性が一気に落ちてしまう）

12. 底床（ソイル）を敷く

ウール層の上にソイルを敷く。排水性が下がらぬよう、川は縁だけに造形材を塗りソイル流出を防ぐ。滝の間にはシェルターを仕込み、軽石とソイルを内部に注ぎながら造形

13. 壁面の造形

イモリが立体活動しやすいように、登れる段差を意識して造形材を盛っていく。凹凸を付けることで苔や植物の植栽もしやすくなる

水の循環ルート

排水

吸水

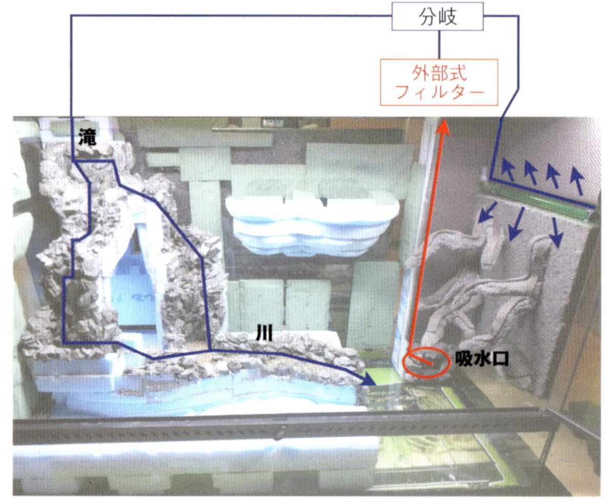

飼育水のろ過には外部式フィルターを使用。レイアウト右下の池から吸水し、ろ過後の排水は二方に分岐させている。一方は滝として流れ落ち、もう一方は右壁面の人工流木を伝って滴り落ちてゆく

造形材を入れ、複数のコケやシダを植栽する

制作後、約２ヵ月が経過したイモリウム

このケージは、今まで自分が積み重ねてきたイモリウムの集大成とも言える作品です。イモリウムを長期維持してきた中で見えてきた、イモリの習性やメンテナンス性の重要度。限られたスペースの中で、イモリと飼育者双方にとって幸せになれる妥協点はどこなのかを追求しました。

見た目にももちろんこだわって制作していますが、最も重要なポイントは、取り入れた全てのギミックにイモリのための理由があるということです。

例えば右壁面の水の滴る壁。この壁は「シリケンイモリが産卵できる壁面」を再現しています。生息地の写真を拝見すると、シリケンイモリは池の上の壁面の苔によく産卵しているということです。私も実際に大型ケージで飼育して産卵行動を見てきて、壁面の苔に産んだ卵から幼生がして自力で池に向かって降りていく瞬間を見た時には、とても心を打たれました。

現地の環境に限りなく近づけてあげられた時、彼らは一体どんな姿を見せてくれるのだろう？　そんな想いがこのケージを生み出しています。

このレポートをきっかけにイモリに興味をもち、飼育中のイモリや、今も減り続ける美しい日本の有尾類たちをもっと大切にしようと思ってくださる方が一人でも増えてくだされば、これ以上の幸せはありません。

DATA

【ケージ】グラステラリウム 9060（ジェックス）【ケージサイズ】（約）90 × 45 × 60（H）cm 【照明】フラットLED900 ブラック（コトブキ工芸）× 2 【ろ過】エーハイム エココンフォート 2232（神畑養魚）【底床】軽石、プラチナソイル ノーマル ブラウン（JUN）、津軽プレミアム 【造形材など】極床 造形君（ピクタ）、スタイロフォーム、Epiweb、ハイグロロン、ウールマット、園芸用鉢底ネット 【温度】23℃ 前後 ※エアコンによる 【管理】モンスーンソロ（ジェックス）による自動ミスティング（3回／日 12 秒）、PC 用冷却ファンによる換気、適宜霧吹き、週に 1 回 8 割以上の換水 【植物】ホソバオキナゴケ、アラハシラガゴケ、コツボゴケ、ホウオウゴケ、シノブゴケ、ハイゴケ、ムチゴケ、イノモトソウ、クラマゴケ、コウザキシダ、ヒノキシダ、アオガネシダ、カミガモシダ、チャセンシダ、トキワトラノオ、ヌリトラノオ、黒葉ノコギリヘラシダ、アミシダ、ホウビシダ、サイゴクホングウシダ、モウコヒトツバ、ヤノネシダ、シシガシラ、カタヒバ、トウゲシバ、マメヅタ、ジュエルオーキッド マコデス・ペトラ、屋久島産ヒメイタビ、フィカス・シャングリラ（コケモモイタビ）、国産ウィローモス、ボルビティス・ベビーリーフ

イモリ愛好家探訪

有尾類との付き合い方は十人十色。
ここで紹介する６人の愛好家の飼育スタイルから、
その楽しみ方を感じてほしい

ビバリウムと有尾類の融合を目指して

千葉県　大山浩司さん

ピンセットで１匹ずつ給餌する大山さん。SNS では KJ というハンドルネームで情報を発信している

●植物と有尾類の両立を

イモリやサンショウウオといった有尾類の飼育は、ミズゴケを敷いただけのケースなど、シンプルな環境が推奨されることが多い。実際、管理を考えれば理に適ったスタイルだが、青々と繁ったコケやシダの森で自由気ままに遊ぶイモリたち……といった光景を夢見た愛好家も多いはず。近ごろ盛り上がりを見せる“イモリウム”は、まさにその表れだろう。

大山さんは、こうした飼育スタイルの草分け的存在でもある。有尾類の飼育は7年前からだが、もともとはコケや山野草など園芸畑の愛好家だった。ある時 ADA の草原レイアウトを目にする機会があり、いたく気に入る。こんな光景をビバリウムで再現したいと試行錯誤するうちに、植物だけでは満足できなくなり、行き着いたのが有尾類の存在だ。以前ヨーロッパ方面で仕事をしていたこともあり、各地の風土に合わせて多数が分化したファイアサラマンダーにとりわけ強い関心を引かれるという。

実は当初、有尾類どころか生き物の飼育自体ほとんど経験がなかったため、有尾類と植物を組み合わせるスタンスは反対されることもあった。しかし植物の浄化力と人力でのメンテナンス（フンの除去など）を組み合わせることで、１ケース１個体ならバランスが取れるというメソッドに行き着いてからは、大きなトラブルもなく管理できている。

ヒメイタビの茂る30×25×25cmほどのビバリウム（右）に暮らすヤンイボイモリ。こんもりと盛り上がった箇所にはアピスト用のシェルターが仕込んであり、植物でカモフラージュされている

多湿を好むレッドサラマンダーのためのケージ（20×45×H25cm）。カモジゴケをメインに、クリプトコリネの水上葉なども植えられている。タッパーを埋め込んだ水場にはウィローモスが。自然な見た目とサラマンダーの足場を兼ねたもの

●長期維持を意識した飼育ケース

ファイアサラマンダーなど湿度を好む種類にはミスティングシステム（自動霧吹き機）や汚水回収用の配管が組まれている以外、飼育ケースはどれもほぼ共通のセッティングだ。ケージは各ショップやメーカーに特注したガラスケースがメインで、有尾類はあまり立体活動をしないことを踏まえ、高さを抑えフラットな形状でこしらえてある。当時はこうした形のケージをオーダーする人は少なく、注文時に不思議がられたとか。

床材は、最下層に通水性確保のために軽石を敷き、その上に山野草用の用土を厚めにセットするのが基本スタイル。ゼオライトが含まれているのでアンモニアなどを吸着して清潔を保ち、かつ肥料分はほどほどなので、植物のトリミングが煩雑にならないなど、有尾類の飼育にもうってつけとか。

ケージ内はなるべく人工物を見せたくないというこだわりから、隠れ家（素焼きのアピスト用シェルターを流用）にもコケやつる植物を活着させ、一見してわからないようになっている。緑のトンネルから有尾類がニュッと顔を出す姿は、なかなかに愛らしい。

5月から10月頃にかけてはエアコンで20～21℃程度をキープ。季節の変わり目で急に暑くなった時がとりわけ危険なので、エアコンはスマホ経由で遠隔操作が可能な機種をチョイスしている。それ以外の時期は無加温で、植物のためにもそう極端な低温にすることはないという。

餌は、主にひかりカーニバルやひかりベルツノ、レプトミンスーパーなどの人工飼料を個体のサイズに合わせて与えている。

●人馴らしがポイント

有尾類はなるべく小さなうちから導入し、積極的に人に馴れさせている。有尾類の不調は皮膚の状態に現れることが多いのだが、植物がたくさん茂る環境ではあまり全身を見せてくれないので、不調の見落としに繋がってしまう。そこで、しっかり人馴れさせて全身を観察しやすくするというのがその狙いだ。1匹ずつ飼育しているのも、コンディションチェックのしやすさを考えてのこと。実際、ほとんどの個体がケージのフタを開けるだけで寄ってくるほど馴れており、これならば体調の良し悪しがすぐわかるだろうと思われた。

「水ゴケを取り替えながら飼うスタイルは、そのメンテ自体がストレスになっている可能性もある。有尾類、特にサンショウウオ系は長期維持を考えた環境を整えて飼う方がベターに感じます」

と語る大山さん。今後はブリードにも挑戦したいとのことで、有尾ライフにますます拍車がかかりそうだ。

豪華にも90×45×H55cmの大型ケージで単独飼育の、イタリア産ファイアサラマンダー（基亜種）。環境のせいか元々こうしたタイプなのか、他のファイアよりもよく立体活動をする姿を見せる

特にファイアサラマンダーが好みで、流通に乗るあらかたの種類を網羅している。写真はフランスファイアサラマンダー *Salamandra s.terrestris* のレッドタイプ。他の亜種には見られない濃い赤みが美しい

ケージのフタを開けると一目散に寄ってくるほど馴れており、これは健康管理にも役立つ。写真はバルセロナ産のフランスファイアサラマンダー。他のタイプと異なり、スポット模様になるのが特徴

水がかかると尾を自切して死ぬなど、不可解な飼いにくさで知られるミットサラマンダーを、1年以上育て上げている。カエルのように長い舌を伸ばして獲物を獲ったり、眼が完全に前を向いているなど、独特の生態を持つ

どのケージもコケや自然に生えたシダできれいなグリーンに覆われている。厚く敷かれた床材も特徴的だ。植物の勢いが落ちてきたらリセットの頃合いだが、多くが年単位で維持されている

水抜き孔はケージの後方に配置し、排水用の配管も目立たない場所に通してある

飼育・繁殖スペース。ズラリと並んだガラス水槽は主に親の飼育と繁殖、ボウルなどの小容器は幼体の育成用に当てられている

美しいイモリが 次々と生まれる空間

鹿児島県　前之濱裕哉さん（奄美の尻剣屋）

前之濱さん。「奄美の尻剣屋」のブリーダー名で活動されている

●シリケンイモリの美しさに魅せられて

アマミシリケンイモリ(以下シリケン）の飼育・繁殖を手がける前之濱さんは、10年ほど前に仕事の事情で都内から故郷・奄美に戻ることとなった。2010年頃、畑で作業中にたまたまオレンジ色をしたきれいなシリケンを見つけ、それまで抱いていた真っ黒い生き物というイメージが一変。あまり生き物飼育に関心がなかったそうだが、これを機に一気にその飼育、そしてブリードにのめり込んでいった。その際に集めたのが、オス3匹メス5匹のアマミシリケンイモリ。現在前之濱さんが飼育している個体は、ここから累代飼育しているもので、最初の8匹以外、ワイルド個体は採っていないという。

両爬のイベントにも時折参加されているのでご存じの方も多いだろう。前之濱さんがブリードするシリケンは、その美しさでもよく知られる。赤みが濃いもの、模様のメリハリが明瞭なものなど様々だが、いずれも高いクオリティの持ち主だ。前之濱さん曰く、親はきれいでもその子がきれいとは限らないそうで、そこに系統維持の難しさを感じているという。だが、ブリード個体には体色に揃った傾向を示すものも見られるので、すでにある程度血統的なものはできているのだろう。今後はより純度の高い個体が期待できるはず！

●給餌のコツはバリエーションにあり！

取材していて感じたのは、その飼育の細やかさ。写真だと粗放的な飼い方にも見えるが、これは観賞よりもメンテナンス性を優先しているためだ。特にブリードに関してはきめ細かい管理が光り、とりわけ給餌に関するこだわりが感じられた。

生まれた個体は自力で摂餌を始めたころから個別飼育に切り替え、成長に合わせて餌も

卵～ふ化後しばらく（摂餌を始めるまで）はまとめて管理

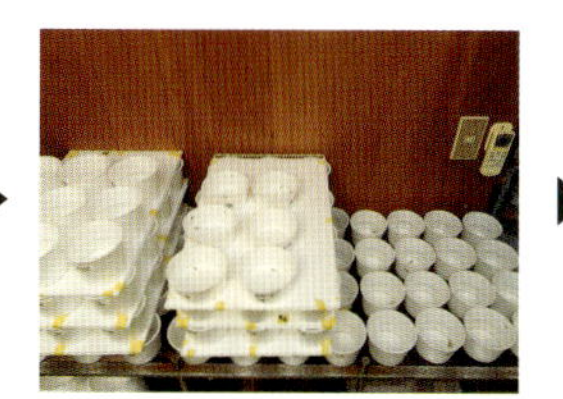

餌を食べるようになったころ（ふ化後1週間～10日ほど）、CFカップでの個別飼育に切り替え。この時期にまとめて飼っていると、かみ合いや連鎖的な死亡が起こりやすい

上陸した個体は、3歳ぐらいまで個別にタッパーで育成。やや湿らせた砂利を敷いただけのシンプルなもの。試行錯誤の結果、このスタイルが一番管理しやすいとか

底砂にはイモリの体色アップを考慮して、明るい白い砂を用いている

エアチューブにはこうした"イモリ返し"をセットしたところ、脱走率が大幅にダウンした

エアチューブをつたって逃げることがあるので、水槽のフリンジに穴を開けそこに通している

ブラインシュリンプ、スカシタマミジンコ、タマミジンコ、グリンダルワーム（線虫の仲間）、活きたアカムシとサイズアップしていく。幼体時になるべくバラエティに富んだ餌を与えないと、幼体の上陸時に失敗しやすいという。上陸したタイミングで与える餌はカイコ。卵をふ化させ、その幼虫をピンセットでつまんで給餌する。これはピンセットでの給餌に慣らす意味もあり、これを失敗すると生き餌しか食べない個体になってしまうので、確実にこなしている。ちなみに、拒食した際に効果的なのが小さなオタマジャクシやレッドローチ（ゴキブリの一種。ふ化したての白い幼体に限る）とか。そうした事態に備えてレッドローチのブリードも行なっている。

●ブリードについて

前之濵さんは親イモリを通年アクアリウム的な環境で飼育し、12月～春先にブリードを行なっている。仕掛ける際はセレクトした個体を数匹ずつ水槽に入れ（オスを多めに入れるのがポイント）、産卵を待つ。複数で仕掛けた方が成功率が高くなるのがその理由だ。この際、首尾良く相性の良いペアが発見できれば、それらは隔離して産卵させている。

シリケンは生まれて3年目で繁殖が可能になる。それまでは上陸させたまま砂利を敷いたタッパーで個別に管理。繁殖が可能になった頃合いで水中生活へ移行させている。素人眼にはかえって手間がかかりそうだが、このスタイルの方が、確実に種親候補を残せるのだとか。

手をかけて育て、より美しい個体の作出を目指す。前之濵さんの生み出す個体は、手軽に付き合える国産有尾類といった位置づけだったシリケンイモリにそんな方向性を与えているかのようだ。今後も注目していきたい。

イモリが登り、泳ぎ、遊ぶ！イモリウムという選択

愛知県　トモ@イモリウムさん

トモさんが指を近づけると、イモリたちがすぐに寄ってきた。ピンセットからの給餌など、日々のコミュニケーションの賜物だ

●イモリの魅力をもっと知ってもらいたい

トモ@イモリウムさん（以下、トモさん）は幼少時からイモリの飼育に親しんできた。6年ほど前からパルダリウムなどレイアウトの制作を始め、そこで培われたセンス・技と、イモリへの愛情が融合してできたのが、これらの「イモリウム」だ。

トモさんのイモリウムのコンセプトは、第一にイモリと植物が共生し、ともに健康であること。そして、イモリの魅力を最大限に引き出すこと。トモさんは、イモリウムの制作風景やレイアウトの工夫などを惜しげなくSNSやYouTubeで発信している。

「イモリはレイアウトで飼うと、かわいらしいしぐさをたくさん見せてくれますし、赤と黒の体は緑色のコケとの相性も抜群です。こんなふうに飼う選択肢もあるんだよ、ということを伝えたかったんです」

レイアウト制作に、情報発信。その行動の根底にはイモリへの深い愛情が流れている。

●コケを美しく生長させる秘訣

イモリウムを観賞すればするほど、イモリたちの愛らしさに魅入られ、同時に植物の美しさにも圧倒された。ケージ内でここまできれいに育ったコケは、なかなか見られるものではない。コケを美しく育てるにはどうしたらよいのだろう？

「多湿を保ちながらも、通気性をよくすることがポイントですね。空気が動くように、ケースの天面にファンを取り付けています。あとは光量が必要です。イモリのフンは大きいものは取り除いていますが、残りかすは底床に吸収されてよい肥料になっているようです」

左から幅 30、30、20cm のテラリウム。照明はコトブキフラット LED シリーズを使用

上写真のテラリウムに採用されている構造。底床は軽石、ソイル、さらに植えれる君を敷き、コケを植栽。水入れ下のパイプから、軽石層に溜まった汚水を吸い出せる仕組み

ケージ天面に設置されたファン。毎日の霧吹きで湿度を保ちつつも、通気性、通風性を確保することでカビの発生を抑制している

鮮やかな赤い体色のアマミシリケンイモリ（色彩変異個体）が棲むイモリウム。シダ類はサイズを維持できる種を選んで植栽している

P.106 で制作工程を紹介した「やんばるの森」イモリウム。高さのあるグラステラリウム 9060 を使用して滝の落差を表現した立体感あふれるレイアウトだ。見た目の美しさだけでなく、イモリの身の安全やメンテナンス性を重視した工夫が随所に盛り込まれている

室温はエアコンで 23℃前後に保たれている。イモリ飼育に、コケの育成のコツ……イモリウムから学べることは多い。

●長期維持するための工夫

パルダリウムやアクアテラといったレイアウトは生き物だ。見た目にこだわるだけで、維持ができなければ、長く楽しむことは難しい。トモさんのレイアウトは、長期維持、そして飼育する生体の健康を考えて、メンテナンス性を重視した設計となっている。

例えば、汚れた水をケージ内に溜めない工夫。上の写真２のように、自然に汚水がレイアウトの最下層まで落ち、スポイトなどで簡単に吸い出せるようにしてある。汚れた水が溜まると植物に悪影響を与えるだけでなく、生体の皮膚病などの原因にもなる。植物が持つ浄化作用のみに頼るのではなく、人の手も入れることで確実な維持を果たしているのだ。

●「やんばるの森」イモリウム

壮大なイモリウム「やんばるの森」は、これまでに蓄積してきたイモリウム・レイアウトのノウハウを注ぎ込み制作された。テーマは、野生のシリケンイモリたちが生きる沖縄の森。植栽したコケやシダ類は国産のもの、国内に分布するものにこだわった。

「イモリには和の心っていうのかな、そういうものも感じられます」

メンテナンス性の確保、イモリがケガをしない構造、植物ごとの特性を考慮した配置……各種のノウハウが妥協なく注がれている。

有尾類は一室にまとめて管理している。これだけケージがあっても、ほとんどがコケでレイアウトされている。飼育種はシリケン、アカハラ、サメハダなど、イモリ類がメイン。室温はエアコンにて通年21℃に調整

アカハラの変異を知り、有尾類に首ったけ!

福島県　オカユさん

暗くした室内で、ケージだけ明かりを点してイモリたちを眺める……。これが至福の一時だとか

●アカハラチイモリがきっかけで

小さな頃から生き物好きだったというオカユさんだが、ある時、ペットショップで見たアカハライモリの姿にショックを受ける。

「お腹が赤くない!」

そう、子供の頃は周囲にいくらでもいたアカハライモリを見てきたオカユさんにとって、お腹が赤くないタイプなど想像もしていなかったのだ。ちなみに、アカハライモリは産地によって腹部の模様に多くのバリエーションがあることで知られる。

そこからこの仲間について色々と調べるようになり、シリケンイモリやマダライモリなど、有尾類に広く興味が湧いていった。以前から様々な生き物の飼育を楽しんできたが、震災の影響もあってしばらく趣味をセーブしていたことの反動で、一気にパルダリウムやイモリウムへの興味が爆発したという。

SNSでイモリウムにまつわる動画や書き込みに触れたこともあり、イモリを飼うならコケや植物の茂る環境で、自然の中にいるような状態で迎え入れたいと、考えが向いていった。元々アクアリストであり、水草レイアウトを楽しんでいたことも、その傾向に拍車をかけたようだ。

それから2年、いまや自宅の有尾類ルームには数多くのケージが並び、どれも緑豊かな環境に遊ぶ有尾類の姿を見ることができる。そのレイアウト作りは手慣れた感があり、さらにアクアリウムの手法や用品を自己流にアレンジした箇所も多くうがえて、なかなかに面白い。

●イモリ最優先の飼育スタイル

イモリをレイアウトで飼う上では、流木のくぼみや穴といった、ちょっとの隙間が大敵にな

ホソバオキナゴケをメインに植えた、マダライモリの飼育ケージ（約 40 × 30 × 30cm）。どの種類もコケやシダ、水草などを豊富に植えたイモリウムスタイルの飼育を心がけている

餌は、なるべくピンセットで直接与えるようにしている。食べ残しを減らし、個体ごとの健康状態の把握にも役立つ

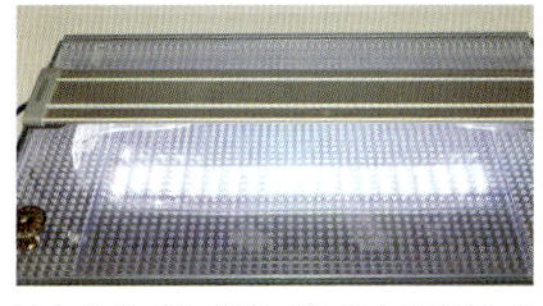

フタ（パンチングボード）の上に載せたガラス板により、ケージ内の微妙な湿度を調整している

床材には、最下層に軽石を敷き、土留め用のウールと園芸ネット、コケリウム用土と腐葉土のブレンドを使用

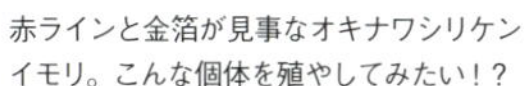

赤ラインと金箔が見事なオキナワシリケンイモリ。こんな個体を殖やしてみたい！？

友人がブリードしたアメイロイボイモリ。今や立派にゴツゴツした姿に

ガラスケージ（40 × 20 × H26cm）をベースにしたイモリウム。ガラスに穴を開けてオーバーフロー式に改造し、水量を稼いでいる

る。イモリはこうした狭い空間に潜むのを好むが、そうなると性格が野生化してしまい、観察が難しくなる。そこから拒食や隙間から出られなくなるなどの事故、観察不足による体調不良の見落としなどにつながるので、イモリの入り込める隙間はコケをかぶせて厳重に塞ぐのが大前提だ。

「あとは脱走も怖いですよね。餌やり後のフタの閉め忘れとか、フタを閉じてもちょっとした隙間から抜け出そうとするので……」

見た目の良さを優先して複雑なレイアウトを組むと、思わぬ事故につながりやすい。イモリのレイアウトを決める際には、その行動を最優先するよう心がけている。イモリウムと水草レイアウトには共通項も多そうだが、実際にどちらにも触れてみて、似て非なるものだと感じているという。

「一つのケージの中に陸地も水場もあって、イモリたちが自由に暮らしている姿を見ているのが楽しいんです。あとは、幼体から育てたシリケンやマダラが、自然に繁殖までしてくれたら最高ですね！」

その日はそう遠くないのでは……。自由闊達に動き回るイモリたちの姿を見て、そう確信したのである。

オキナワシリケンイモリとしてはほぼ最高レベルまで金箔が乗った個体で、全体的なバランスも良い。3歳のメス

後天的に赤みが出た個体で、地味だった体色が成長につれて体側ににじむような赤が出現した。3歳のメス

先天的に赤みが強い個体。オキナワシリケンイモリは体に金箔が出ないものほど、赤みが強くなる傾向があるという。3歳のオス

一筋縄ではいかない CBシリケンの面白さ

愛知県　きくらげさん

● CBシリケンを飼ってほしい！

自家繁殖のシリケンイモリ（以下シリケン）が、これでもかと収まっている飼育ルーム。話には聞いていたが、実際に目にすると驚くやら目移りするやら……。

きくらげさんが主にブリードしているのは、沖縄本島などに分布するオキナワシリケンイモリ。ペットやパルダリウムの名脇役として近年人気が高いが、だからこそ、

「ワイルド個体よりもブリード個体を飼ってほしい！」

という思いのもと、その繁殖と普及に力を入れている。

きくらげさん、元々はアクアリストであり、偶然だが先だってはウナギの飼育について寄稿していただいている（本誌2021年11月号121ページ）。ご結婚を機にアクアからは離れたものの、数年前たまたまお店で出会ったシリケンに魅了される形で再開。インペリアルゼブラプレコの繁殖を手がけていただけあり、シリケンのブリードもすんなりと成功させている。なお、これだけの数がいながら、ご家庭の事情もあり、飼育スペースは風呂場を改装した1畳ほどの空間のみ。世話に割ける時間も1日1時間程度だという。

それゆえ、メンテナンスは効率が勝負だ。ケージはシンプルなレイアウトにとどめ、水換えの効率アップと、全体の状態を一目で把握できるよう心がけている。この数のシリケンの健康維持にはなにより水換えが重要で、最低1日1回転は水が入れ替わるようにしているという。

全滅のリスクを避けるため、育成個体は複数のケースに分散させており、繁殖もそのまま

基本的な飼育環境。大型プラケースに水を張り、砂を詰めたろ材ネットを陸地に。繁殖期など、時期によって陸地と水の割合は調整している

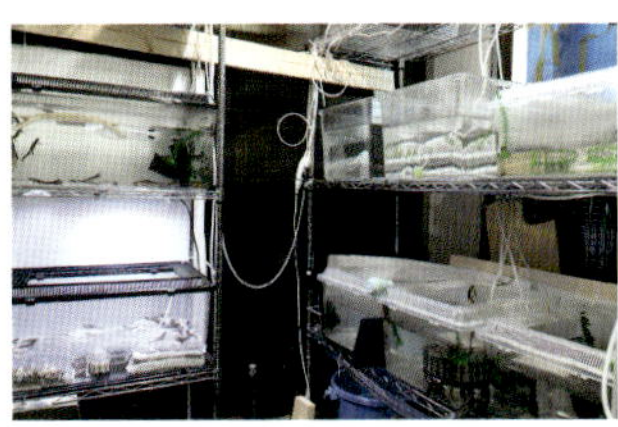

風呂場だったスペースを改装し、イモリの飼育スペースに。シンプルを旨とし、状態の良し悪しが一目でわかることを優先している

ほぼ全面を陸地にした飼育例。譲渡を控えた個体はこの環境で育て、ピンセットでの給餌に慣らしていくという

陸地用のろ材ネットには、大磯砂とpH調整のためのサンゴ砂を詰めて使用

吸着系のソイルを全面に敷いたケースでの飼育。ほぼ陸生状態で育てるとどうなるかを検証中だ。中央は水容器

昨年生まれの幼体。すっかり環境になじんでいる

飼育ケースの四隅に集まることが多いので、人工水草を垂らして掴まれるようにし、体力の消耗を防いでいる

行なうことが多い。いわゆる厳選個体同士のピンがけではなく、複数のペアで殖やし全体の平均値を上げることが優先。ここにこだわるのは、先も述べたように、繁殖個体を普及させたいという思いがあってこそだ。

●ブリードも効率重視で

繁殖については、自然な温度低下に合わせて飼育水の割合を増やし、太りすぎには注意しつつ餌の量を増やしていくと、11月頃から産卵がスタートする。

幼生はカップでの個別管理と、一ケースにまとめての多頭飼育がある。前者は手間がかかるが全滅のリスクは低く、逆に後者は給餌や水換えの手間を軽減できるメリットがある。それぞれを使い分けながら育成しているが、数を採るにはケースを積み上げられる個別管理に分があるようだ。

上陸後は、冷凍アカムシをメインにピンセットでの給餌にならし、餌付けていく。こうして毎シーズン400～500匹ほどを殖やしており、ほとんどを上陸まで導いているから、その手際には驚かざるを得ない。きくらげさんが育てたシリケンには、写真で掲載したような美麗個体も出現している。こうした個体が作出できることが認知されれば、その繁殖にかける意識も高まっていくに違いない。

容貌魁偉！　黄土色の体色とゴツゴツした体表が強烈な存在感を放つシナコブイモリの成体。かつては熱帯魚ショップでもよく見かける有尾類だったが、数年前サイテスⅡに入ってからは流通が減っている

フィールド観察から飼育・繁殖まで 有尾類優先のライフスタイル

岡本光司さん

有尾類探索のフィールドワークの傍ら、両生類専門誌「Caudata」の制作も手がける岡本さん

自家ブリードのポルトガルファイアサラマンダー。幼体が持つ黄色いスポットは成長につれてスポットの中央の部分が消え、馬蹄型になる

●有尾類の姿に魅せられて

陸と水を行き来する生態、形態や体色・模様の多彩さなど独特の存在感を持つ有尾類。その魅力にとりつかれた愛好家は、枚挙にいとまがない。

こちらの岡本さんは、小一の頃にはアカハライモリの繁殖を楽しんでいたという筋金入りだ。長じて有尾類に対する思いは尽きることがなく、今や両生爬虫類専門誌「Caudata」の発行人も努めるほど。今回はそんな岡山さんの飼育部屋を拝見させていただいた。

●有尾類がひしめく飼育ルーム

飼育部屋は10畳ほどの広さで、一部はロフト構造になっている。スペースを惜しむようにアングルが並び、プラケースや水槽がひしめく圧巻の空間だ。

生体は、タイガーサラマンダーなどのポピュラー種から採集したサンショウウオまでほぼ有尾類で占められている。多くは繁殖も視野に入れており、その分だけケージも増えていくのもむべなるかな。

有尾類、特にサンショウウオにとって高温は大敵なので、室温は20℃をベースとし、外

自家繁殖して14年ほどになるオビタイガーサラマンダーのCB個体。幅90cmのケージに、コルクで陸地を作った簡易なアクアテラリウムで飼育している。外部式フィルターを回して飼育水を浄化しているが、それでは追いつかないため、水換え・掃除がメンテナンスの中心だ

自家ブリードのスポットサラマンダー。メンテナンス性を優先して、砂利と水ゴケを敷いた簡易なレイアウトとしている

緑色の体が美しいマダライモリ。有尾類の中では繁殖が容易で、幅60cmのケージに複数群れている。繁殖期には徐々に水を注ぎ、最終的に水槽の8割くらいまで水位を上げることで産卵に至る

飼育部屋にズラリと並ぶケージには国内外の有尾類がひしめき、各種のブリードも精力的にこなしている。部屋の温度は最高でも20℃に抑え、冬場は無加温

気温がそれを下回ったら無加温に切り替える。薬品耐性も非常に低いので、病気は治療よりも予防が基本だ。少しでも食欲や行動に不審があればすぐ床材の洗浄や交換を心がけている。これを怠るとあっという間に被害が広がってしまうという。

餌の好みなども種によって様々でそれだけ世話も手間だが、毎日1時間ほどの基本的な世話に加え、土日に集中的にメンテナンスをすることで、この数を維持しているから恐れ入る。

●ただ冷やすだけでは殖えにくい

有尾類の繁殖で大きなキーになるのは温度の低下だ。とはいえ、多様な環境に生息する有尾類はただ冷やすだけでは繁殖行動を起こさないこともザラだ。繁殖の誘発には日照や気圧の変化も重要と捉えており、冬期は屋外で飼育したり、ケージを窓際に移すといった試行錯誤を経て取り組んでいる。一例を挙げれば、オビタイガーサラマンダーは11月を過ぎて気温が10℃を切るとオスの総排泄孔が膨らみ始める。このタイミングで屋外に移すと生殖能が完成し、産卵に至る。本種は立ち上がって卵を産むので水深は30cmほど設けるのもポイントだ。

国産のサンショウウオも各種、繁殖に取り組んでいる（もちろん法的に問題ない種類に限って）。写真は九州産のカスミサンショウウオ（オス３歳）。人里に近い環境にも生息しており、国産のサンショウウオとしては比較的出会いやすいという

カスミサンショウウオのメス。全身の白いスポットが美しい

東京産のヒガシヒダサンショウウオの繁殖個体（持ち腹）。以前はヒダサンショウウオと同種とされていたが、後に分離された

「有尾類は飼育だけでわかることは少ない」が持論。雪渓の下の流れで産むようなサンショウウオもおり、生息地を体感してみて始めて知ることも多いという。

そのために、寸暇を惜しんでは現地調査にも取り組んでおり、それによって得られたデータや繋がりは、先述した専門誌「Caudata」にも活かされてる。機会があればぜひご覧いただきたい。その熱意の一端がうかがえるに違いない。

15年以上の付き合いになるクロサンショウウオ。周りには雪が積もるような環境で産卵するため、繁殖には広いスペースと低水温が必要になる

本書は「月刊アクアライフ」の特集記事を加筆修正し、
再編集して発行したものです。本書に掲載した情報は
一部を除き取材時のものです。

STAFF

撮影	石渡俊晴、橋本直之
編集	山田敦史
デザイン・編集	平野編集制作事務所
広告	柿沼 功 位飼孝之 伊藤史彦 江藤有摩
販売	鈴木一也
取材撮影協力 (敬称略)	大山浩司、岡本光司、オカユ、きくらげ、トモ@イモリウム、丹羽、前之濱裕哉(奄美の尻剣屋)、moi(有尾屋本舗)、よしぷよ、エンドレスゾーン、グリーンアクアリウムマルヤマ、小林昆虫、ベイサイドアクア、キョーリン、ジェックス、世界淡水魚園水族館アクア・トトぎふ

イモリと暮らす本

2025年4月30日　初版発行

発行人　清水 晃
編　者　月刊アクアライフ編集部
発　売　株式会社エムピージェー
〒221-0001
神奈川県横浜市神奈川区西寺尾2-7-10
太南ビル2F
TEL　045-439-0160
FAX　045-439-0161
e-mail　al@mpj-aqualife.co.jp
https://www.mpj-aqualife.com

印　刷　シナノパブリッシングプレス

ISBN 978-4-909701-98-5